용BEER천가

일러두기

맥주 브랜드 소개에 있어 브랜드명이나 설명은 실제와 같지만,

삽화의 경우 일부 맥주의 라벨상 그림이나 글자를 의도적으로 다르게 그리거나 생략했습니다.

이는 맥주 라벨 자체의 지식재산권을 혹시라도 침해하지 않기 위해서입니다.

용BEER천가

초판 1쇄 발행 2023년 8월 30일

글 몰트다운 / **그림** 블리자두

펴낸이 조기흠
책임편집 최진 / **기획편집** 이수동, 김혜성, 박소현
마케팅 정재훈, 박태규, 김선영, 홍태형, 임은희, 김예인 / **제작** 박성우, 김정우
디자인 이슬기

펴낸곳 한빛비즈(주) / **주소** 서울시 서대문구 연희로2길 62 4층
전화 02-325-5506 / **팩스** 02-326-1566
등록 2008년 1월 14일 제 25100-2017-000062호
ISBN 979-11-5784-691-7 03590

이 책에 대한 의견이나 오탈자 및 잘못된 내용에 대한 수정 정보는 한빛비즈의 홈페이지나
이메일(hanbitbiz@hanbit.co.kr)로 알려주십시오. 잘못된 책은 구입하신 서점에서 교환해드립니다.
책값은 뒤표지에 표시되어 있습니다.

⌂ hanbitbiz.com 𝗳 facebook.com/hanbitbiz Ｎ post.naver.com/hanbit_biz
▶ youtube.com/한빛비즈 ◉ instagram.com/hanbitbiz

지금 하지 않으면 할 수 없는 일이 있습니다.
책으로 펴내고 싶은 아이디어나 원고를 메일(hanbitbiz@hanbit.co.kr)로 보내주세요.
한빛비즈는 여러분의 소중한 경험과 지식을 기다리고 있습니다.

본격 맥주 교양 원샷툰

교양툰

용BEER천가

글
몰트다운

그림
블리자두

한빛비즈
Hanbit Biz, Inc.

차 례

1화

★

순수해요,
맥주

맥주는 어떤 음료일까? 우선 재료부터 하나씩 뜯어보자.

이곳은 유럽의 독일.

1516년, 독일 바이에른은
깔끔한 이름의 법령을 하나 내놓는다.

맥주 순수령
(Reinheitsgebot)

맥주는 보리(몰트), 물, 홉
세 가지로만 만들어야 한다.

feat. 밥은 쌀과 물로만 해라.

국민과 함께 희망찬 미래
바이에른 공국 국세청

이 법에 따르면, 맥주의 기본 재료는 보리(몰트), 홉, 물, 그리고 효모라는 미생물이다.

각 재료에 대해 하나씩 알아보자.

첫 번째, 몰트(Malt, 맥아)는 보리를 물에 담가 발아시키고,
이를 다시 고온으로 로스팅해 건조한 것을 말한다.

그러면 보리는 '아밀라아제'라는 효소를 품고
맥주가 될 준비를 한 채 대기하게 된다.

그렇게 발아 후 건조된 싹튼 보리, 그게 바로 몰트다.

몰트는 풍미와 도수, 색과 거품 등
맥주의 모든 외형에 영향을 미친다.

학창 시절 어느 선생님께서 이런 말씀을 하셨다.

대학생 때까지 정말 그 말을 믿었지만...

사실은 까만 몰트를 써서 까맣게 된다.

몰트는 고온에서 오래 로스팅할수록 어두워지면서
캐러멜이나 커피 같은 풍미를 내놓는다.

*SRM: Standard Reference Method. SRM이 높을수록 진하다.

흔히 흑맥주가 밝은 맥주보다 고급이라는 인식이 있는데,
이는 매우 현대적인 기준이다.

산업혁명 전까지
어두운 맥주가 더 서민의 맥주에 가까웠다.

현대의 어두운 맥주는 풍미를 위해 몰트 전분을
의도적으로 태운 것이지만, 당시에는 연료와 기술의
문제로 그을리거나 쉽게 타버려 까만 몰트가 된 것이다.

당시 부자들은 주로 밝은색의 맥주를 마셨다.

이제 맥주의 물을 살펴보자.

물이 없으면 맥주는 그냥 빵이 된다.
물은 경수(Hard Water)와 연수(Soft Water)로 나뉘는데
경수는 미네랄 함량이 많은 물로
서유럽 같은 퇴적암 지형에 많다.

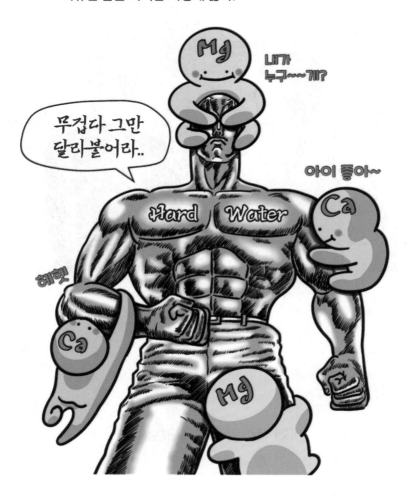

경수는 맥주의 풍미를 도드라지게 하므로
맥아 느낌이 강한 에일 맥주와 궁합이 잘 맞는다.

연수는 미네랄 함량이 적은 깔끔한 물이다.
대표적인 맥주는 황금빛의 드라이한 필스너다.

과거에는 그 동네 물에 따라
만들 수 있는 맥주가 한정적이었지만,
지금은 화학적 성분을 분석해 연출하기도 한다.

우리나라는 단단한 화강암반 기반이라
대부분 좋은 연수가 난다.
지하 수백 미터까지 들어가지 않아도 된다.

지하 150m의
100% 천연수로 만든
순수한 맥주—
화이트

다음은 덩굴식물인 홉(Hop)을 보자.
홉은 맥주의 각종 향과 특유의 쌉싸름함을 낸다.

호프집과는 관계 없거덩!

HOF는 '큰 공간'이라는 의미의
독일어로 HOP과는 무관하다.

홉은 부피를 줄이기 위해 주로 펠릿(pellet)* 형태로
유통되고, 드물게 오일 형태로도 유통된다.

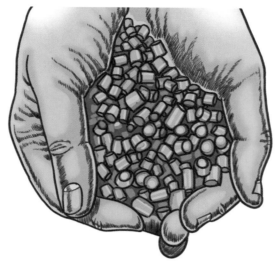

*펠릿: 길이 2~5mm 정도의 구술, 원주, 각주형으로 조립된 재료.

홉은 천연보존제로 중세 이후 맥주의 원거리 유통에
크게 기여했지만,

꽃대

소포엽

루플린샘

포엽

냉장 유통과 살균 처리가 가능한 현대에는
보존제로서의 기능보다
다양한 향과 맛을 내는 역할로 쓰인다.

홉으로 꽃, 열대과일, 시트러스(감귤류), 소나무 등의
각종 아로마(향)를 낸다.

마지막, 대망의 효모다.

저는 공기나 곡물, 과일 껍질에 삽니다요.

효모는 다른 잡균과의 생존 경쟁을 위해
당분을 먹고 알콜과 이산화탄소를 내놓으며
효모가 살기 좋은 환경을 만들어 간다.

그런 의미에서 알코올은 '효모독'이라고도 불린다.
인간은 효모독의 높은 열량과 신경흥분 작용을
즐기고 있는 것이다.

다만 효모의 존재가 근대 파스퇴르에 이르러
비교적 늦게 밝혀졌다는 사실을 기억해둘 필요가 있다.

자, 맥주 순수령은 맥주의 기본 재료를
이렇게 네 가지로 정하고 있다.

그런데 왜 이런 법을 만들었을까?

첫째, 당시 양조사들이 맥주에 아무거나 넣어
간혹 사람을 해칠 정도였기 때문이다.

싸고 방부 효과가 있는 건 무엇이든!
심지어 그을음을 넣었다는 기록도 있다.

다만 홉 대신 그루잇(Gruit)이라는 허브나 고수 같은
식물성 식재료, 향신료는 지금도 흔히 쓰인다.

둘째, 물가와 세금 때문에도 법이 필요했다.

귀리나 밀을 맥주 만드는 데 쓰게 되면서
당연히 곡물값이 올랐다.

이에 빵집들이 화를 내자 정부가 빵집의 손을
들어준 것이다.

속사정이야 어쨌든 독일은 최초의 식품위생법
순수령으로 맥주 종주국의 이미지를 얻었다.

자, 이제
맥주의 종류를 살펴볼까?

2 화

★

에일과 라거

편의점에서 맥주를 고르다가
심한 결정장애를 겪을 때가 있다.

물론 저 세상 마케팅 덕분에 결정을 하긴 한다.

하지만 사실 그런 고민은 필요가 없다.

편의점 맥주는 대충 이쯤 몇 가지다.
범위가 굉장히 좁다.

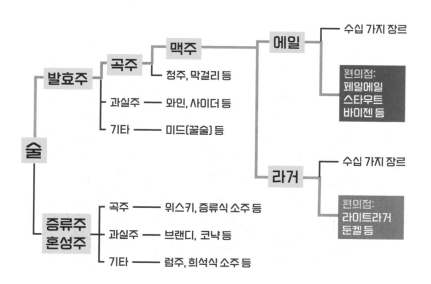

편의점 맥주는 3~5가지 장르일 뿐,
그중에서도 한 가지 장르가 압도적이다.

그나마 요즘 많아져서 이 정도지,
예전에는 전부 라이트라거였다.

브랜드별 차이가 크다 해도 다른 장르만큼
차이가 나진 않는다.

맥주는 크게 에일과 라거로 나뉘는데,
우선 이 둘의 차이부터 알아보자.

에일과 라거의 차이는 단순하다. 효모의 차이다.

효모: Saccharomyces Cerevisiae
발효 온도: 15~25도
발효 기간: 1주~3주
특징: 풍부한 아로마와 풍미
장르: IPA, 비터, 스타우트, 바이젠 등
예: 기네스, 바이엔슈테판 등

효모: Saccharomyces Pastorianus
발효 온도: 4~10도
발효 기간: 6주~12주
특징: 깔끔한 청량감, 긴 숙성 시간, 맑음
장르: 필스너, 헬레스, 둔켈 등
예: 국내 대형 맥주, 카스, 하이네켄 등

흔히 상면발효, 하면발효 효모로 불리지만
이는 잘못된 설명이다.

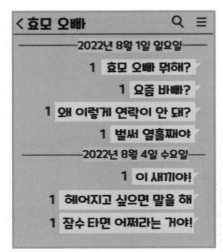

효모는 발효가
끝나고 추워지면
가라앉는다.
잠수를 탄다.

굳이 구분하자면 저온발효 효모(라거)와
고온발효 효모(에일)로 구분하는 것이 맞다.
사실 '라거링'의 의미 자체가 '냉장 숙성'이다.
에일의 높은 발효 온도는 더 많은 에스테르
화합물(냄새유발자)을 방출하고, 재료의 풍미를 강하게 만든다.

반면 라거 효모는 낮은 온도에서 천천히 오래 발효된다.
그래서 깔끔하고 맑아지기 쉽다.

이런 이유로 몰티(맥아를 강조)한 맥주나
효모의 풍미를 강조하는 맥주에는 에일이 낫다.
하지만 라거로도 그런 연출은 충분히 가능하다.

에일 맥주는 맥아나 홉을 강조하므로 재료비가 많이
들지만, 발효 기간이 짧은 만큼 시설비는 적게 든다.

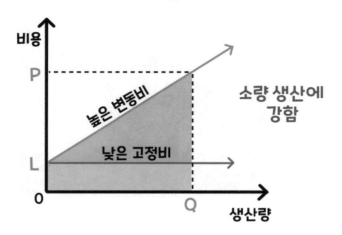

반면 통상의 라거 맥주는 발효 기간이 긴 만큼
대규모 발효 탱크나 냉장 시설이 필요하다.

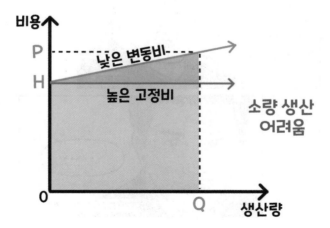

이런 이유 때문에 큰 시설비를 감당할 수 있는
대형 주류 회사가 라거를 생산한다.

그렇다면 이런 맥주의 장르를 규정하는 기준과
단체가 있을까?

BJCP
Beer Judge Certification Program
맥주 심판 자격 프로그램

이들이 맥주의 장르를 규정하고,
맥주 전문가를 육성하기도 한다.

우리 BJCP는
맥주의 종류를
크게 30가지,
작게는 160가지로
정의하지.

그래! 너!

사실 대부분은 그렇지 않고, 그냥 괴랄한 맥주로 남는다.

같은 흑맥주라도 스타우트는 에일, 둔켈은 라거다.

기네스
에일 흑맥주

코젤
라거 흑맥주
(다크라거, 둔켈)

그냥 "흑맥주 주세요" 하면
기업은 정말 이 둘을 섞어 버린다.

에일과 라거,
이제부터라도 알고 마시자!

3화

★

맥주
만드는 법
(1)

보리(몰트), 물, 효모, 홉 4대 요소가 합쳐진
'곡물 발효주' 맥주는 어떻게 만들어질까?

맥주는 분쇄, 당화, 여과, 끓임, 냉각, 발효, 숙성의
7단계로 만들어진다. 월풀이나 필터링 과정은
반드시 필요한 것은 아니다.

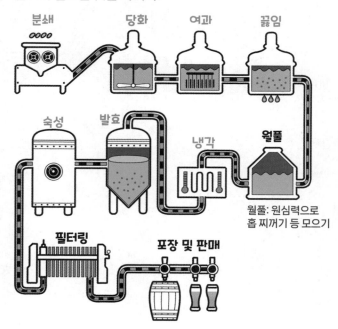

1. 분쇄(Milling)

곡물을 잘게 분쇄한다. 쉽게 말해 맷돌질이다.

그러면 곡물 속 알맹이까지 물과 효소가 스며들 틈이 생긴다.

2. 당화(Mashing)

맥아(Malt)로부터 설탕물인 맥아즙(Wort)을 뽑아내는 과정이다. 식혜를 생각하면 된다.

맥아 속 전분은 크고 복잡한 구조의 화합물인데, 크고 복잡하면 효모가 먹지 못한다.

술을 만들기 위해서는 먼저 전분을 분해하고
당으로 만들어줄 촉매, 즉 가위 역할을 하는
효소(enzyme)가 필요하다.

그런데 알파아밀라아제는 대충 자른다.
그래서 여전히 효모가 먹지 못하는 큰 덱스트린이 남는다.
그런 덱스트린은 무거운 바디감의 맥주를 만든다.

반면 베타아밀라아제는 전분을 꼼꼼하고 잘게 잘라낸다.
베타아밀라아제의 활동이 많을수록
가벼운 바디감의 맑은 맥주가 된다.

두 아밀라아제의 활성화 최적 온도는 약간 다른데,
65~68도 부근에서는 둘 다 어느 정도 활동한다.

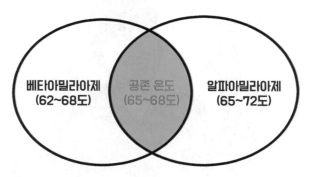

그래서 두 가지 당화 조절 방식이 존재한다.
우선 두 효소가 살 수 있는 중간 정도의 단일온도로
당화하는 방식.

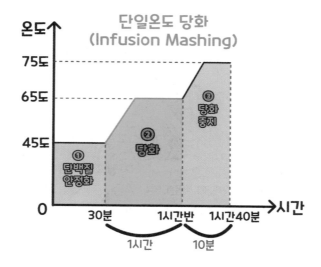

다른 하나는 각 당화 효소의 최적 온도에 맞춰
온도를 조절해주는 계단형 당화다.

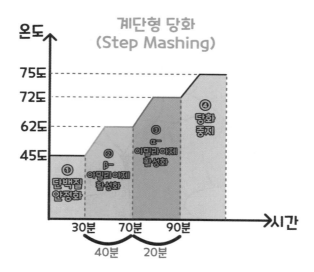

계단형 당화의 일종으로 일부를 덜어내어
다른 온도로 당화한 다음,
다시 섞는 과정을 반복하는 기법도 있다.

다양한 당화 온도를 사용하는 기술은 다른 곡주,
발효주에서도 흔히 볼 수 있는데
술의 질감과 단맛, 무엇보다 비용에 영향이 크다.

당화를 잘못하면 많은 보리를 써도
술이 조금 나오고 심지어 맛도 없다.

아니, 얼마나 더 넣어야 돼?
망한 것 같은데...

두껍아, 친구 없니?
깨진 곳이 한두 군데가
아녀~

양조사님...
이번 맥주는
망했어요..

3. 여과(Lautering)

젤리처럼 된 몰트와 껍질을 필터 삼아 당화액을
반복적으로 순환시켜 맥주를 맑게 하고 잔여당을
뽑아내는 역할을 한다.

여과를 반복할수록
찌꺼기가 필터 구멍을
작게 해서 걸러주거든.

마지막엔 깨끗한 물을 더 뿌려서 잔여당을 완전히
뽑아내는데, 이걸 스파징(sparging)이라고 한다.

잔여당을 뽑아내자..

마른 수건도 짜면 물 나옴다

으어어어
나 죽네

여과 과정이 다 끝나고 맥아즙을 뽑아내면
'맥주박(맥박)'이라고 불리는 찌꺼기가 생기는데,
단백질과 식이섬유가 많아 소가 좋아한다.

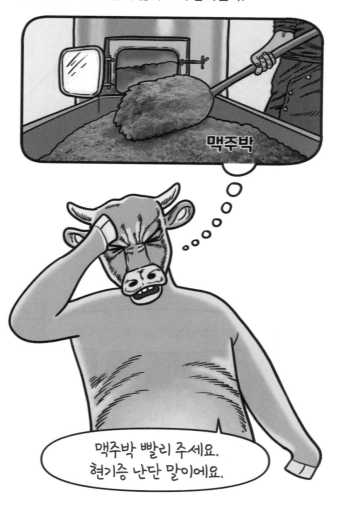

소의 우유 생산량을 높이는 데 도움이 된다고 해서
농장에서는 맥주박을 '맥주밥'으로 부르기도 한다.

4. 끓임(Boiling)

맥아즙을 한 시간 정도 끓이면서
차례차례 홉을 넣어주는 과정이다.

당화액(맥아즙)을 끓이는 이유는 홉의 쌉싸름함을
끌어내기 위해서다.

홉에는 알파산과 베타산 성분이 있는데,
알파산은 끓일수록 써지는 특성이 있다.

홉은 알파산 함유량이 높아
쓴맛을 내는 용도로 쓰는 비터홉과,

알파산이 적어 덜 쓰고 좋은 향을 가진
아로마홉으로 나뉜다.

무턱대고 홉을 많이 쓰면 더 써지겠지만,
사실 홉은 꽤 비싸다.

그래서 양조사는 맥아즙을 알파산이 나오는
최대치 한 시간까지 끓인다.

이렇게 쓴맛을 내기 위해 끓이다 보니
뜻밖의 효과가 생겼는데, 바로 '살균'이다.
홉과 알코올로 보존하면서 무려 한 시간이나 끓인 후에
안전한 음료로 태어나는 것이다.

매.. 맥주 씨,
서.. 설마...!?

두둥!

나 열 받는다!!
계속 끓는다!!
변신한다!!

그래
초살균 맥주다.

안심하고
마셔라.

실제로 1900년대 초까지 맥주는
안전하며 영양가 있는 음식으로 간주되기도 했다.

젖당(유당)이 조금 있는 스타우트는
임산부에게 권해졌을 정도.

Ask for a
Baby
GUINESS

*지나친 음주는 건강에 해롭습니다.

5. 냉각(Chilling)

효모를 접종할 수 있는 온도까지 낮추기 위해
맥아즙을 냉각한다.

끓인 맥아즙은 너무 뜨거워서
효모를 투입하려면 냉각이 필요하다.
서둘러 냉각하는 이유는 다른 잡균이 냉각 과정에서
오염을 일으킬까 우려되기 때문이다.

아직 맥주 만들기가 다 끝나지 않았어!

4 화

★

맥주
만드는 법
(2)

6. 발효(Fermentation)

맥아즙에 효모를 접종해 발효시킨다.

발효란 미생물이 물질을 변화시키는 것.
먹을 수 있느냐 없느냐의 한 끗 차이로 부패와 구별된다.

그중에서도 알코올 만드는 과정을
'알코올 발효'라고 한다.

화학식으로 보면, 1개의 포도당은 2개의 에탄올과
2개의 이산화탄소로 바뀐다.

$$C_6H_{12}O_6 (포도당)$$
$$\rightarrow 2C_2H_5OH (에탄올) + 2CO_2 (이산화탄소)$$

사실 에탄올의 분자 구조는 개를 닮았다.

발효 과정에서 효모의 움직임을 좀 더 살펴보면,

적응기
맥아즙을 만나게 된 효모는 적응을 시작하는데,
맥아즙의 산소와 지질을 먹고 당분을 투과할 수 있는
세포막을 만든다.

성장기

산소를 먹고 적응기가 끝나면 효모는 산소가 없는
환경에서 당분을 먹으며 증식하기 시작한다.

자손을 만들며 효모 병력을 늘리는 것이다.

성장기의 효모는 당분만 가지고 번식하는데,
효모의 이 산소 없는(혐기성) 대사 과정이
바로 알코올 발효다.

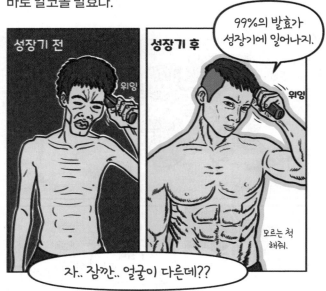

이 과정에서 효모가 내는 에너지는 5°C 정도의
열을 낼 정도로 놀랍다. 물론 현대에는
냉각기가 발효조의 온도를 관리하므로 문제는 없다.

효모와 거품이 뒤섞인 발효층을
'크라우젠'이라고 하는데,
크라우젠이 더 이상의 산소가 들어가는 것을 막아준다.

효모가 내뿜는 열과
이산화탄소 때문에
대류 현상이 생겨.
마치 부글부글 끓는
것처럼 보이지.

침전기
효모는 번식을 멈추고 불쾌한 냄새를 낼 수 있는
성분들을 흡수하다 지쳐 가라앉기 시작한다.

하얗게
불태웠다.

이때 효모는 홉 찌꺼기 등과 뭉치며 가라앉아
맥주를 청소하기 시작한다.
처음으로 맥주다운 모습이 보이기 시작하는 때다.

이 상태의 덜 익은 맥주를 '그린비어'라고 하는데
아직 단백질 등이 부유하고 있어
맥주가 약간 뿌옇고 떫다.

발효 과정(온도와 기간)은 양조사들이
가장 섬세하게 공을 들이는 부분이라고 보면 된다.

7. 저온숙성(Lagering)
맥주를 저온에서 숙성시키는 것

아무리 효모라도 지나치게 오래 활동하면
부정적인 냄새(효모취)를 만들어낼 수 있다.

그래서 발효가 끝난 미숙성 맥주는
효모의 종료를 고려해 3~8℃까지 냉각한다.

그러면 활동하던 효모와 단백질 등이 뭉쳐 완전히
가라앉고 맥주가 청징(淸澄)된다.
침전으로 맑아지는 것이다.

발효조나
숙성조(통)의
모양도 그런 현상을
도와주는데, 아예
원뿔 모양이거나
바닥에 홈이 있어
침전물이 더 잘
가라앉게 해준다.

그렇게 발효 말미와 저온숙성 초기에 모인 효모를 채취해
다음 맥주를 만들 때 재활용하기도 한다.

다만 활용 횟수는 제한돼 있는데, 동면과 부활을
반복한 효모는 발효 효율이나 풍미가 다른 효모로
변이를 일으키기도 하기 때문이다.
당연히 맛도 달라진다.

가끔은 돌연변이 효모가 새로운 맥주로 탄생해
양조장의 기둥이 되기도 한다.

에일 맥주는 짧게 며칠의 숙성만으로도
숙성 맥주가 될 수 있지만, 라거 맥주는 수개월 이상의
저온숙성이 요구된다.

저온숙성을 마치면 우리가 흔히 마시는
밝은 숙성완료 맥주(브라이트 비어)로 거듭나게 된다.

맥주가 완성되면 실온 유통에 버틸 수 있도록 필터링해
병이나 케그(keg, 맥주통)에 포장하기도 하는데,
필터링이 풍미를 해칠 수 있어 냉장 유통이 가능할 때는
필터링을 생략하기도 한다.

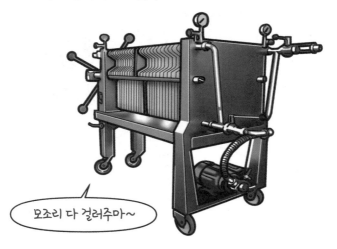

사실 맥주는 다른 술보다 훨씬 과학적인 공법이 적용되어
품질관리(QC)가 매우 뛰어나다.

그럼에도 분쇄-당화-여과-끓임-냉각-발효-숙성의
어느 하나라도 평소와 다르다면,
그 맥주는 의도하지 않은 풍미를 지니게 된다.

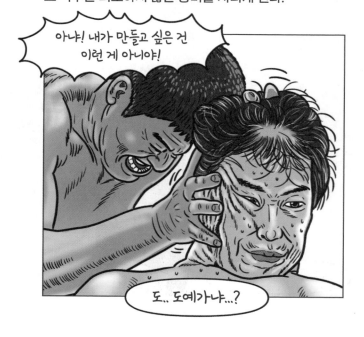

가끔 한정판 맥주나 시즈널(seasonal) 맥주처럼
특별한 맥주를 의도한 경우도 있지만, 아닌 경우도 있다.

맥주의 탄생을 알았으니,
그럼 맥주를 맛보는 단계로 넘어가볼까?

5 화

★

맥주의 맛 (1)
맛의 표현

예술은 굳이 이해를 구하지 않는다.
맛도 예술의 영역인 걸까?

엘레강스하고 럭셔리하면서
깔끔하고 군더더기 없는
우리 본연의 멋이에용.
그런 　　　　　미학이
느껴지는　　　　　것이 예술

사실 맛이란 제법 객관적인 묘사가 가능하다.

맥주를 포함한 음식의 풍미는
크게 세 가지로 나눠볼 수 있다.

1. 혀로 느끼는 맛(Taste)

2. 코로 느끼는 향(Aroma)

3. 입으로 느끼는 질감(Mouthfeel)

먼저 혀가 느끼는 맛에 대해 자세히 알아보자.

인간은 오직
다섯 가지의 맛(5미)을
느낀다.

다섯 가지 맛은 다음과 같다.

혀의 구역마다 다른 맛을 느낀다는 것은 사실이 아니다.
각 구역별 맛의 민감도 차이는 사실 크지 않다.

두 번째, 코로 느끼는 향.
이는 비교와 비유의 영역이다. 무척 다양하다.

고소함
호두, 땅콩 같은 견과류

빵 냄새
갓 구운 빵

채소 향
브로콜리 같은 특정 채소

꽃이나 허브 향

향신료의 Spicy함

Citrus한 과일 향

쇠나 석탄, 종이, 화장품, 정향, 삶은 계란,
곰팡내 등 그게 무엇이든 냄새를 가진 모든 명사가
후각의 영역이다.

마지막, 입으로 느끼는 질감이다.
씹는 조직감(texture)이나 마시는 바디감(body) 등
많은 개념이 있지만, 질감(mouthfeel)이
이를 모두 포용하는 개념이다.

바디감은 우유와 물을 생각하면 쉽다.

'바디감'이란 용어는 와인을 고를 때 자주 쓰이지만, 실은
모든 음료와 술의 기본적인 성격을 묘사하는 데 필요하다.

예컨대 막걸리도 바디감이 꽤 무거운 술이다.

크리미(creamy)한 거?

떫은 느낌, 덜 익어 뿌드드한 것도 질감이다.

흔히 맛으로 오해하는 매움은 맛이 아닌 통각.
즉 입속 자극, 입이 느낀 질감이다.

후하… 후하…
너무 매워 매워…

매운 것은 고통!
맞불 작전의 원리를
아시오?

누구세요?

보다 큰 고통으로
매운맛을 진압한다

으아악

뽀각

가끔 위로 맛을 느낀다고 주장하는 사람도 있는데,
실제로 통각은 식도나 장기에서도 느껴진다.

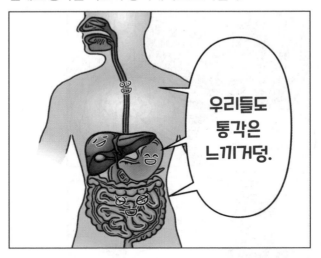

하지만 너무 아프면 참지 말고 빨리 병원에 가보자.

혹시 인상 깊은 맥주를 만나면 다음과 같이 표현해보자.
다른 음식에도 얼마든지 응용할 수 있다.

그렇지만 밸런스, 즉 맛있다 맛없다를 까먹고
이야기 안 해주면 비맥덕에게 왕따당하기 십상이다.

자, 이제
맥주의 맛을 묘사할 수 있게 됐으니
맥주 맛에 영향을 주는
마법사 같은 녀석들을 알아보자.

6 화

★

맥주의 맛 (2)
페어링과 맥주잔

같은 맥주라도 풍미를 다르게 만드는
아이템에는 뭐가 있을까?

그것은 음식과 페어링, 그리고 잔이다.

착용 중

말티엘의 유리잔
[전설 맥주잔]

◈ 맥주 풍미 +5
◈ 맥주 마시기 속도 +20
◈ 알코올 도수 무시

착용 중

디아블로의 치킨
[전설 음식]

◈ 맥주 풍미 +5
◈ 기분 좋아짐 +10
◈ 배부름 +20

훌륭한 음식과 술이 만나도
페어링이 되지 않으면 곤란하다.

페어링(pairing)이란 맥주와 음식과의
꽁냥꽁냥 조화를 의미한다.

수많은 페어링 방법을 세 가지로 압축하면 이렇다.

이 중에서 잘만 고르면 최악은 면한다.
이 방법은 다른 음료와 음식 페어링에도 쓸 수 있다.

첫째, 더하기란 비슷한 것을 추가해 풍미를 강화하는 것이다. 의도했던 주제를 더욱 강화하는 데 쓴다.

명칭 **뉴잉글랜드 IPA(New England IPA)**

특징 끓임 과정이 아닌 발효 과정에 홉을 첨가하는
드라이 호핑(Dry Hopping) 기법을 통해
주로 탁한(hazy) 색을 띤다. 주로 열대과일 홉 향을
강조해 주스를 마시는 듯한 느낌을 준다.
맥덕들은 보통 "뉴잉 주세요~" 라고 한다.

둘째, 중화하기는 특성이 다른 것끼리
균형을 잡아주는 방법이다. 쓴 임페리얼 스타우트에
와플이나 바닐라 아이스크림을 곁들이는 경우다.

단짠(달고 짠) 또는 단쓴(달고 쓴)이라는 표현처럼
상반된 음식 조화가 중하다.

명칭   **임페리얼 스타우트(Imperial Stout)**

특징   여기서 임페리얼은 '황제와 강함'을 뜻한다.
기네스 같은 일반 스타우트보다 로스팅한
몰트의 양이 많아 무겁고 쓰다.
복잡한 과일 향을 살짝 풍기기도 한다.
가장 대중적인 것으로 '올드 라스푸틴'이 있다.
맥덕들은 보통 "임스 주세요" 한다.

여기
임스 주세요~

한 병 더~

러시아의 괴승
라스푸틴(1872~1916)

OLD RASPUTIL

셋째, 씻어내기.
깔끔히 씻어내고 입속을 리셋한다.

치맥은 영어사전에도 등재돼
있을 정도로 유명해.

필스너처럼 깔끔하고 바디감이 낮은 맥주는
기름기를 씻어내 바로 다음 치킨을 먹을 수 있게
입속을 초기화시킨다.

치킨 좀 더 주오!

씻어내기 기법은 향이 강하고 매운,
즉 스파이시한 우리나라 음식에 은연중 많이 쓰인다.
우리나라 맥주가 한때 밍밍하기만 했던
원인일지도 모른다.

※ 맥주의 나라 독일에서 오신
어느 축구 감독님

물론 이 세 가지 페어링 방법 중 애매한 경우도 있다.
예를 들면, 오징어에는 유독 어느 맥주가 생각나는데,
이미 맛있는 맥주임에도 불구하고 찰떡같이 어울리는 경우다.

잔의 종류도 페어링만큼 맥주 풍미에 큰 영향을 끼친다.

사실 블링블링 맥주잔은 기능을 떠나
미관상으로도 충분히 매력적이다.
맥주잔의 매력은 잔덕후를 양산하기도 한다.

모든 맥주를 각각의 전용잔에 마셔야 할 것처럼 묘사하는
대형 맥주회사의 전용잔 마케팅도 영향이 크다.

사실 모든 맥주 브랜드의 전용잔을 가지고 있을
필요는 없다. 장르별 전용잔은 거품과 탄산,
바디감이 다른 맥주의 장르가 잘 드러나게 설계되어 있어
장르별 전용잔만 가지고 있어도 더할 나위 없다.

pint
nonic pint
mug류
stein
tankard
beerboot

tulip pint
willi becher
tumbler
stange
craft master
spiegelau

weizen
pilsner
tulip
goblet
chalice
snifter

teku
thistle
flute
aviero goblet
alsace
craft master bowl

와인잔이나 위스키잔까지 응용하는 걸 고려하면
실제 맥주잔은 30여 가지가 넘는다.
그래서 전문적인 펍조차
장르별로 잔을 보유하기는 어렵다.

특히 많이 쓰는 잔 기준으로,
굳이 세 가지 종류만 꼽자면 다음과 같다.

1. 머그, 파인트, 텀블러 같은 펑퍼짐형

이 중에서도 파인트잔은 겹쳐 놓기도 좋아
대부분의 펍에서 볼 수 있다.

강추!

2. 필스너, 바이젠, 스탠지류의 날씬 길쭉이형

바이젠잔은 향과 거품층을 즐기기에 좋아.

강추!

flute	footed pilsner	weizen	pilsner	stange
Brut IPA 사워. 필스너	필스너	바이젠	필스너와 모든 라거	쾰쉬

3. 고블릿, 튤립, 스니프터류의 납작형
흔히 람빅이나 신(Sour) 맥주, 임페리얼 스타우트 등
향을 느끼는 것이 중요한 맥주에 많이 쓰인다.

특히 스니프터(snifter)는 이름 그대로
향을 느끼기에 좋은 잔이다.
조금 작은 버전의 스니프터는 버번이나 위스키,
브랜디용 잔으로도 쓰인다.

강추!

goblet

snifter

tulip

임페리얼 스타우트
애비 맥주

랍빅, Sour
스타우트

세종 벨지언

사실 파인트잔도 세척과 보관이 편하고
범용잔으로도 손색이 없지만, 스니프터는 탄산과 거품,
특히 아로마를 느끼기에 적합하다.

파인트
네가? ㅋ

그러나 가장 중요한 사실은
어떤 종류의 잔이 되었든
맥주는 꼭 잔으로 마셔야 한다는 것이다.

풍미는 코와 혀, 그리고 입안으로 느낀다.
이때 잔은 입과 코가 동시에 맥주를
접하게 만드는 핵심 기능을 한다.
그래서 코 담그기(nose-dive)라는 표현을 쓰기도 한다.

그러다 보니 이런 맥주캔도 있다.

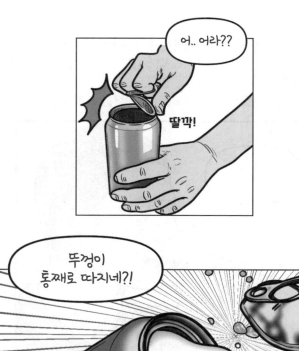

이제 당신은
맥주를 제대로 즐길 준비가 되었다!

7 화

★

생맥주와
파스퇴르

'생맥주' 하면 보통 이런 걸 떠올린다.

과연 그럴까?

사실 대량 유통되는 브랜드의 케그(생맥주통) 맥주는
효모를 살균하거나 필터링하기 때문에 엄밀히 말해
생맥주는 아니다.

용기가 케그일 뿐, 캔이나 병에 담은 것과 같은 맥주다.
즉, 용기의 차이일 뿐이다.

왜 이렇게 됐을까?

시작은 맥덕왕 파스퇴르 선생님이었다.

그는 이미 그 유명한 백조목 플라스크로 미생물
자연발생설(스스로 부패함)이 사실이 아님을 밝혀냈고,

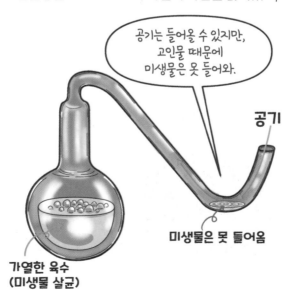

프랑스인답게 포도주를 통해
이미 효모의 존재 또한 알고 있었다.

그러던 어느 날 파스퇴르 선생님은 에일의 나라,
영국 위트브레드(witbread) 양조장과
콜라보를 진행하게 된다.

그곳에서 그는 맥주 속 미생물을 대상으로
다양한 실험을 진행한다.

그리고 1876년, 마침내 맥주의 성전과도 같은
책 한 권을 펴내는데....

미생물의 아버지가 직접 쓴 책,
맥주의 역사를 바꾼 책, 바로 《맥주연구》다.

하지만 이 책의 실상은...

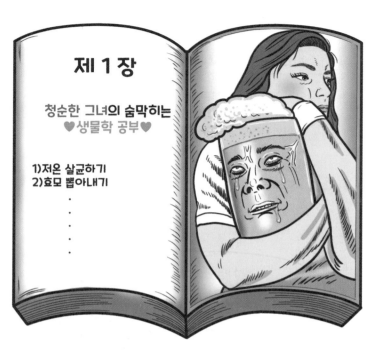

명칭	저온살균법(pasteurization)

설명   50~60℃ 정도로 짧은 시간 반복 가열하거나
혹은 10~30분 지속 가열하여 살균하는 방법이다.
음식의 풍미와 유익균을 어느 정도 유지하면서
부패, 변질을 일으키는 잡균을 대부분 제거하거나
비활성화해 보관 기관을 길게 만드는 식품가공 방법이다.
파스퇴르의 이름을 따 '파스퇴르화'라고 한다.

걱정 마, 나야 파스퇴르~
그냥 따뜻해지는 거야. 네가 예민한 거야.
내가 잘 알아~ 곧 나른해질 거야.

밀어도 되는 거지..?

하지만 정작 이 연구를 바탕으로
크게 상업적 성공을 거둔 곳은 모국 프랑스도,
연구 장소였던 영국도 아닌
덴마크 칼스버그 양조장이었다.

이후 냉장고도 없던 시절에도
지금처럼 맥주 대량 유통이 가능해졌고,
저온 살균법은 점차 전 세계로 전파됐다.

그래서 라거 효모는 두 가지 이름으로 불린다.
파스퇴르와 칼스버그를 딴 두 가지 이름으로.

맥주 연구의 결과물인
저온살균법은 우유 같은
다른 식품의 가공에도
이용됐고, 결국 신선하고
안전한 식품을 공급하게
됨으로써 인류의 보건
안전에 크게 기여한다.

어쩌면 그의 백신보다 저온살균법이
더 많은 인류를 살렸는지도 모를 일이다.

요즘은 압착필터나 원심분리기 등을 통해
물리적으로 세균을 분리하는 방법이 사용된다.
덕분에 저온살균법은 다소 옛날 방식이 되긴 했지만…

그조차도 미생물의 존재와 효모의 역할을 발견한
맥덕왕 파스퇴르 선생님의 덕이라 하겠다.

※ 사실 프랑스 사람인 그는 와인을 더 좋아했다.

**어쨌거나 파스퇴르 이후
맥주는 두 가지로 나뉜다.**

첫째, 여과(살균) 맥주다.

둘째, 비여과(비살균) 맥주다.

쉽게 생막걸리를 연상하면 된다.
비여과 맥주도 숙성을 하면 침전을 통해 대부분의 효모가
제거되고 알코올 자체가 보존재 역할을 해 수개월이나
수년을 가기도 한다. 하지만 냉장 유통은 필수.

저온살균과 여과는 약간의 풍미를 포기하는 대신,
길고 편한 보관과 유통을 담보하는 과정이다.

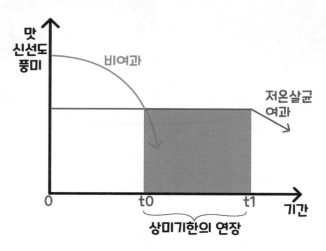

*상미기한: 맛이 최상으로 유지되는 기간.

그러다 보니 수제맥주 양조장들이
비여과 맥주의 신선하고 높은 풍미를 대형 맥주사에
맞서는 마케팅 포인트로 삼기도 하지만,

필터링할 때 상실되는 풍미, 그리고 원심분리기나
필터 기기류의 가격이 비싼 탓이기도 하다.

그럼 우린 어떤 맥주를 택해야 할까?

Round 1 병맥주 vs 케그 맥주

보통 케그의 유통 속도가 병이나 캔보다 빨라 맛이 좋지만, 일단 꼭지(tab)에 연결하면 맥주의 노화가 빨라진다.

결국 손님이 많은 맥줏집에서는
케그 맥주를 마시고 그렇지 않은 곳에서는
병이나 캔맥주를 마시는 편이 낫다는
결론이 되어 버린다.

Round 2 여과 맥주 vs 비여과 맥주

사실 여과의 좋고 나쁨은 맥주 장르에 따라 달라진다.

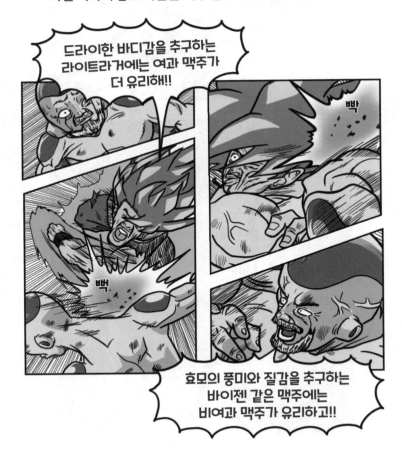

하지만 가장 간단한 해답은

당신에게 맛있는 맥주가
좋은 맥주다!

★

8 화

배를 탄 맥주,
IPA (1)

현대 크래프트 맥주의 아이콘을 하나 꼽으라면
단연 IPA(India Pale Ale)다.

사실 인도 현지의 맥주는 예전이나 지금이나
평판이 썩 좋지는 않다.

특히 냉장 설비가 제대로 없던 식민지 시절
더운 인도에서 맥주를 직접
생산, 유통하는 건 매우 어려운 일이었다.

향신료나 아편처럼 더 값비싼 것을
생산하고 수탈하느라 영국인들이 굳이 현지
맥주 생산까지 신경 쓰지 않았을 것이다.

하지만 인도에서 한창 갑질 중이던
영국 관료와 동인도 회사 직원들, 영국 장교들은
맥주가 너무 마시고 싶었다.

그래서 1700년대 말부터
나름 고~급 맥주인 페일에일이 영국 본토에서
식민지 인도까지 배를 타게 된다.

그런데 여기서 몇 가지 문제에 직면한다.

우선 항로가 너무 길었다. 수에즈 운하가 없던 당시,
범선을 타고 아프리카를 빙 돌아야 하는데
그게 최소 3~4개월의 여정이었다.

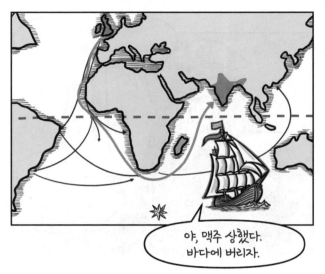

에일은 발효 후
숙성 기간이
현대에도 1개월을
잘 넘지 않는다.
따라서 운송 중
과숙성할 가능성이
높았다.

받아라, 필살 fork you!

게다가 북대서양의 평균 온도 15~20C°와 달리
적도는 30C°가 훌쩍 넘는다.
이 온도 차를 오르락내리락 반복하는 것이다.
따라서 당시 영국의 맥주 수출업자에게
인도 항로는 난이도 끝판왕이었다.

밸런스 게임

아놔...

고 민

어쩔 수 없이 둘 중 한 가지를 받아들여야 한다면?

A. 식민지 뺏기기	B. 영국에서 인도로 맥주 온전히 가져가기

두 번째 문제는 보관 도구였다. 당시에는 금속 케그 대신
나무 맥주통 캐스크(cask)를 사용했는데,

내 속에는
브레타노미세스가
득실득실~

당시의 캐스크는 야생효모 브레타노미세스와
젖산균에 의해 오염된 상태였다. 보관 기간이 짧을 때는
문제가 없었지만, 운송 기간이 길어지면
맥주를 변하게 만들고, 심지어 식초로 변하기도 했다.

한참 뒤…

명칭	브레타노미세스(Brettanomyces)

설명   야생효모의 일종으로 줄여서 브렛(Brett)이라고도
부른다. 맥주를 망치는 지독한 골칫덩이였지만,
요즘은 각종 람빅이나 사워에일 같은
야생맥주에 조금 쿰쿰하지만 풍요로운 풍미를
안기는 효모로 대접받고 있다.
만약 맥주 라벨에 헛간, 가죽, 털, 눅눅한 냄새 등이
명기되어 있다면 그건 브렛이 개입했음을 의미하며,
와인이나 전통주에 들어가기도 한다.

나야, 유명한 람빅 맥주 중
하나인 괴즈분~ 괴즈는
람빅을 섞어서 만들지~

당시엔 이런 상황이었던 것이다.

하지만...

맥주 절반 식초 됨.

나머지 절반은 과발효로 폭발.

맥주 원정 실패!

대안은 결국 양조사들에게서 나왔다.
당시 양조사들도 홉이 방부제 역할을 한다는 것과
알코올 도수가 높을수록 음료 변질이 지연된다는
사실 정도는 알고 있었다.

1800년대 초,
영국 런던 동부 호지슨 지역의 보우(Bow) 양조장 등은
그 방법으로 인도 수출량을 늘렸다.

덕분에 인도 수출을 주로 담당한
런던 동부의 양조장들은
'도수가 높고 홉 향이 강한 페일에일을 만드는
양조장'이라는 이미지를 갖게 됐다.

그런데 여기에 허세가 개입한다.

인도라는 미지의 세계에 대한
경험과 모험이 양조장의 마케팅 포인트가 되어
결국 하나의 장르로 굳어버린 것이다.

이러한 스토리를 더 잘 살려 전 세계로 유행시킨 건
현대 미국의 크래프트 양조장이었다.

이 양조장들은
주로 미국 서부
해안 지대에
자리 잡고 있어
그곳에서 만들어진
맥주는 흔히
'웨스트코스트
스타일'로 불린다.

그렇게 IPA의 이야기는 인도에서 시작해 영국으로,
그리고 다시 미국으로 무대를 옮겨간다.

이제 진짜
현대의 IPA를 만나보자.

9 화

★

배를 탄 맥주,
IPA (2)

극단의 시대 20세기 중반까지 유럽에는 큰일이 많았다.

천만 명의 사상자 속에서도
크리스마스이브에 독일군과 영국군이 맥주를
나눠 마시고 축구까지 했다는 제1차 세계대전.

수천만 사상자의 아픔을 남긴 제2차 세계대전.

말풍선: 폭동*은 맥줏집이 제맛! 실패는 했지만 인지도는 개꿀~

1924년 4월 1일 폭동 이후 재판을 기다리는 히틀러의 모습

*히틀러는 1923년 11월 8일에 '뷔르거브로이켈러'라는 맥줏집에서
폭동을 일으켰다가 실패했지만, 전국적인 인지도를 얻었다.

이런 이유로 에일 맥주의
본고장 영국은
제2차 세계대전 이후
몇 년간 식량배급제가
지속될 정도로 자원
부족이 심각했다. 그래서
2~3도의 저도수 맥주가
주를 이루게 된다.

리얼 홉 맛있는 맥주맛

120g(600kcal)
홉 0.00001% 함유

ㄱ 저 정도면 독극물을 넣어도 안전할 듯.

IPA는 사실상
이때 명맥을
잃은 것이다.

공교롭게도 미국에서도 전혀 다른 이유로 밍밍한
저도수 페일라거가 주류를 이뤘다. 이는
1920년~1933년까지 지속된 금주법 때문이었다.

캐리 네이션(Carrie Nation):
한 손엔 도끼, 한 손엔 성경을 들고 술집을 쳐부수고 다닌 풍운아(금주운동가).

금주법이 끝났다고
모든 술이 자유화된 것도
아니었다. 저도수의
맥주부터 점차 풀렸기
때문에 사람들은 오랫동안
가볍고 밍밍한 맥주에
익숙해졌다.

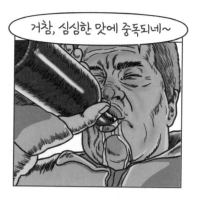

반전은 1970년대 미국에서 시작됐다.
1979년 개인의 홈브루잉이 완전히 합법화되어
상업적이든 아니든 모든 이가
양조할 수 있는 권리를 얻게 된 것이다.

그 전에도 혁신적인 양조장이 하나둘 생기기 시작했지만,
홈브루잉 합법화는 양조의 완전한 봉인 해제를 의미했다.

여기서 잠깐!

미국에서 유독 세계적인 스타트업 기업이
많이 나오는 이유는 뭘까?

부자 아빠가 많아서?

부모 교육열이 높아서?

이유는 미국에 차고가 있기 때문이다!
농담 같은 이야기지만, 실제로 수많은 기업이
가정집 차고에서 시작했다.
MS, 애플, 아마존, 넷플릭스 등등...

맥주도 마찬가지! 수많은 홈브루어들이
차고에서 개성 있는 레시피와 양조 기법을 만들었고,
전문 양조사로 취업하거나 창업하기도 했다.

특히 미국 서부 양조가들은 엄청난 이점을 갖고 있었다.

날씨가 잘 맞아 집에서도 홉을 키울 수 있을 정도였고,
캐스케이드(Cascade), 센테니얼(Centennial), 치눅(Chinook)
같은 감귤 향이나 소나무 향의 홉이 주를 이루었다.

이 시절의 양조가들은 홉의 이런 특성을
최대한 드러내고 싶어 했는데, 그때 '홉을 많이 넣고
도수를 높였다'는 IPA를 떠올렸다.

실제로는 영국 IPA보다 미국의 페일에일이
훨씬 홉 맛이 강했지만 양조사들은 여기에 꽂혔다.
그냥 쓰고 싶었으니까.

*호피(hoppy): 홉의 특성이
드러난다는 용어. 감귤 향이나
열대 과일, 꽃과 소나무, 약초나
캔디, 흙까지 홉의 성격과
조합에 따라 아로마는 다양하다.

그렇게 홉의 풍미를 최대한 이용하는 미국식 IPA가
시작됐지만, 성격이 확정된 것은 1980년대 초
특히 시에라 네바다 양조장에서 출시한 페일에일과
토피도(Torpedo) IPA 같은 기념비적 맥주들의 영향이 컸다.

명칭	아메리칸 IPA(American IPA)
외관	살짝 갈색부터 황금빛까지
도수	5~8도 사이

설명 소나무나 열대과일, 감귤 향을 담은 홉의 특징을 일반적인 페일에일보다 강조한다. 통상 5~8도 사이의 맥주로 홉이 많아 꽤 씁쓸하다.
본래 영국에서 시작한 IPA는 현대에 들어 미국에서 다시 꽃을 피워 헤이지 IPA(뉴잉글랜드 IPA), 브룻(Brut) IPA 등 다양한 종류로 분화됐다. 초기 아메리칸 IPA를 미국 서부 IPA 스타일이라고도 지칭한다.
미국 크래프트 맥주의 시작을 알린 기념비적인 스타일의 맥주이며, 현재도 가장 인기 있고 접하기 쉬운 장르다.

하이~

그럼에도 미국 크래프트 맥주 양조자들은 홉의 특성을
있는 대로 끌어내고 싶어 했다.

그래서 계속 다양한 IPA를 만들기 시작했다.

IPA의 발전 과정

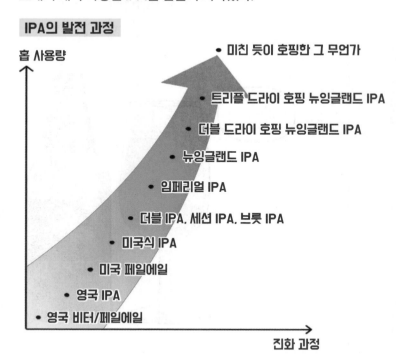

특히 뉴잉글랜드 IPA가 등장하기 전까지
많아진 홉의 양만큼 더 많은 맥아(몰트)를 사용해
알코올 도수까지 함께 높였는데,

적당히 해,
미친놈들아!

그렇게 센 맥주에 지친
일부 애호가들은
오히려 가벼운 맥주를
다시 찾기도 했다.
그렇게 탄생한 것이
세션(Session) IPA다.

응애~

'세션'은 그야말로 한 세션의 시간을 뜻하며,
대충 세 시간짜리 수업을 듣는 동안
마셔도 취하지 않을 정도의 저도수라는 의미다.

아무리 마셔도 안 취해.

꿀꺽
꿀꺽

IPA처럼 홉을 많이 넣었지만,
저도수 맥주라는 거구나.

반대로 홉과 도수가 다 높아지면 더블(Double),
그보다 세지면 임페리얼(Imperial)이라는 표현을 쓴다.

아무튼 세션, 더블, 임페리얼을 포함한
웨스트 코스트 스타일의 맥주는 2000년대
전 세계로 퍼져나가 IPA의 전형을 만들어낸다.

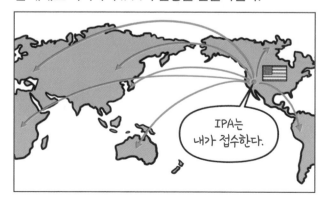

그럼에도 불구하고 홉에 대한 갈증은 끝나지 않아
미국 동부 뉴잉글랜드 지역에서
이상한 맥주를 하나 만들어낸다.
바로 뉴잉글랜드 IPA다.

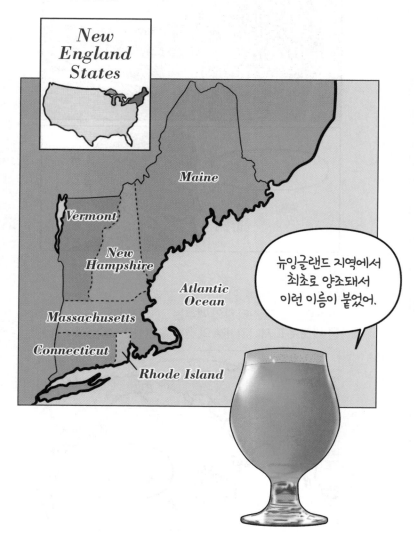

뉴잉글랜드 지역에서
최초로 양조돼서
이런 이름이 붙었어.

사실 뉴잉글랜드 IPA는 모든 것이 반대다.
맥주는 맑지 않고 끈적해야 하며,
미숙성 상태의 그린비어가 칭송받는다.

웨스트 코스트 IPA VS 뉴잉글랜드 IPA

구분	웨스트 코스트 IPA	뉴잉글랜드 IPA
외관	비교적 맑음 (밝은 노란색~어두운 호박색)	탁한 헤이지(hazy)함, 오렌지 쥬스
아로마	시트러스, 소나무, 과일, 꽃	망고 같은 열대과일
맛	쓰고 날카로움, 때론 거친 알코올 느낌	비교적 약한 쓴맛, 때로 달콤함
마우스필*	드라이하고 깔끔	부드럽지만 묵직, 끈적함
주요 재료	페일에일과 동일	밀도 있는 느낌을 위해 밀과 귀리가 추가되기도 함
호핑 기법	주로 끓임 과정에 추가	드라이 호핑(발효나 숙성 과정 중 홉을 첨가함)

*마우스필: 혀와 입안에서 느껴지는 감촉.

하지만 뉴잉글랜드 IPA의 아성에 도전하는
정반대 성질의 맥주가 미국 서부에서 나왔다.

바로 브룻(Brut) IPA다.

| 명칭 | Brut IPA(브룻 IPA 또는 브뤼 IPA) |

설명 'brut'은 '단맛이 없고 드라이'한 샴페인의 특징을
     의미한다. 맥주 속 당분을 최대한 제거해
     끈적임이 없고 깔끔한 샴페인의 특징을 가진 IPA다.
     브룻 IPA는 2017년 샌프란시스코의 한 양조장에서
     태어났다. 효모가 먹지 못하는 다당을 최대한 제거하고
     잔당감을 없애기 위해 글루코아밀라아제라는
     효소를 사용했는데, 그 결과 홉 향은 강하면서
     아주 맑은 맥주가 되었다.

맑고 투명한 밝은색!
내가 웨코의 진정한 후계자야!

BRUT IPA

SIERRR NEVADA

BRUT
IPA

EXTRA DRY IPA

이렇게 인도로 가는 배를 탔던 IPA는
영국, 미국 서부와 동부 그리고 우리나라
크래프트 맥주에서도 하나의 상징이 되어
많은 이들의 입을 즐겁게 해주고 있다.

자, 이제 IPA를
제대로 즐길 준비가 되었는가?

10화

★

좋은 냄새,
나쁜 냄새,
이상한 냄새

좋은 맥주를 만드는 첫 번째 방법은
우선 나쁜 맥주를 만들지 않는 것이다.

*이취: 기대하지 못한 맛.

맥주에서 풍기는 향은 원인에 따라
네 가지로 구분할 수 있다.

향

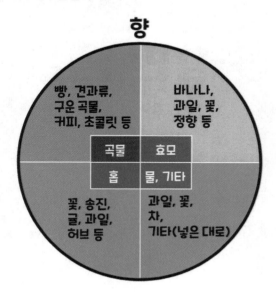

첫 번째, 곡물!

몰티(malty)한 맥주는 맥아(malt)의 양이나 로스팅 정도에 따라 갓 구운 빵이나 캐러멜, 초콜릿, 커피 같은 곡물적 특성을 드러낸다.

두 번째, 홉!

홉의 특성을 강조한 호피(hoppy)한 맥주는 송진, 열대과일, 흙이나 허브 등 홉 향을 강하게 드러낸다.

세 번째, 효모!
헤페바이젠 같은 맥주는
바나나 정향이 밀과 결합한 것 같은
특이한 효모취를 풍기기도 한다.

명칭	바이스비어(Weissbier) 또는 헤페바이젠(Hefeweizen)
특징	희고 신선하며 가벼운 홉 향이 느껴지는 독일식 밀맥주
도수	4.2~4.8도
설명	밀의 단백질로 인해 거품이 풍부하고 부드러운 질감이 있다. 뿌연 외관이 특징. 바이젠 효모가 만드는 바나나 향과 정향*의 효모취가 특징이다. 숙성이 빠른 편이라 신선할 때 마시면 바나나 향 같은 숙성 초기의 독특한 향을 느낄 수 있다. 편의점에서 쉽게 접할 수 있는 호가든은 밀맥주이지만, 바이젠 효모를 사용하지 않는 윗비어(Witbier)로 효모취가 거의 없는 상쾌한 느낌을 안긴다.

'헤페'는 독일어로 효모를 의미해.
이름 자체가 바이젠 효모를 사용한
술이란 뜻이지.

*정향: 향신료의 일종인 나무로 꽃봉오리를 쓴다.
생긴 것부터 냄새까지 못과 비슷해서 이런 이름이 붙었다.

마지막으로 주재료 외에 다른 재료도 향이 날 수 있는데,
예컨대 스트롱에일을 담은 발효조에 오크칩을 넣는다면
위스키 같은 맛을 낼 수도 있다.

특히 스스로 맥주를 만드는 홈브루어들은
자유롭게 첨가물 사용이 가능해서 먹을 수만 있다면
육수 같은 동물성 재료도 첨가할 수 있다.

이취(off-flavour)

반면 양조가가 의도했던 맛과 향 외에
의도치 않은 냄새와 잡미를 모두 '이취'라고 한다.

이취의 세계는 넓고도 넓다.

대표적인 이취와 원인을 알아보자.
알아두면 소비자로서 꽤 유용하다.

1. 방귀 냄새(일광취)

맥주 속 홉이 햇빛(자외선)에 노출되면 쓴맛을 내는
알파산 성분이 변질되어 방귀와 비슷한 냄새가 난다.

일광취는 스컹크를 따서
스컹키하다고도 해.

병이 갈색인 건
일광취를 막기 위해서야.
캔은 당연히 빛에
노출이 안 되고~

2. 산화취

마치 오래된 종이 박스 같은 냄새를 풍긴다.
산소와 온도 때문에 발생한다.

난 박스가 좋은 거지,
냄새가 좋은 게 아냐.

맥주가 만들어진 후 산소에
노출되면 노화가 빨라져.

맥주를 고온 환경에 보관하면
맥주 속 미량의 산소가 반응해 급속히 노화되고
산화취를 일으키기도 한다.

3. 금속취
금속 향이나 맛으로 피맛과 비슷하다. 철분이 많은
용수를 사용할 때 발생하기도 하나, 양조 과정보다는
유통과 소비 과정에서 발생하는 경우가 더 많다.

생맥주의 경우 보통은 탭 라인의 관리 문제 때문이다.
맥주가 저장된 케그에서 시작한 탭 라인(관)이 위생적이지
못하고 제때 청소하지 않을 때 발생할 수 있다.

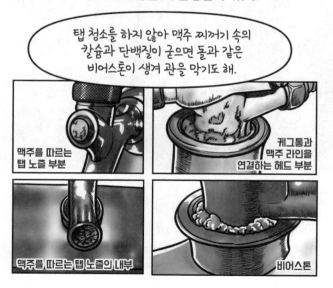

반면 병맥주는 오래 보관하는 것이 문제다.
특히 실온이나 고온에서 지나치게 오래 보관한 맥주는
맥주 뚜껑이 눈에 띄지 않는 부식을 일으켜
맥주에 금속 물질이 녹아든다.

4. 아세트알데히드
발효 중 중간 부산물로 풋사과나 풀, 식초, 페인트나
화장품 같은 냄새를 풍긴다.

5. 효모 냄새: 고기 육수 또는 비누 냄새
효모의 자가분해란, 효모가 발효를 멈추고
스스로 분해되는 것을 의미한다.
잔여 효모는 단백질과 지방 덩어리이므로 자가분해
때문에 고기나 비누 냄새가 나는 건 당연할 수 있다.

비여과 맥주의 용기 아래 부분에는
효모 잔여물이 모이는데, 이 부분이 지나치게
많이 섞이면 냄새가 나기도 해.

6. 에스테르: 과일 향

사실 에일 맥주에서 에스테르는 일반적인
특성일 수도 있고, 바이젠의 바나나 정향의 향은
오히려 잘 만들어진 맥주로 취급받기도 한다.

하지만 지나치거나 다른 향과 균형이 맞지 않는다면
억지로 만든 가향(假香)이나 매니큐어 같은 냄새가 나.
양날의 검이야.

인간의 욕심은 끝이 없고

같은 실수를 반복하지.

발효 온도가 너무 높거나 공기가 너무 많거나 적은 경우,
효모 양이 부족한 상황 등 효모가 스트레스를 받으면
오히려 향을 일으키는 에스테르(ester)를 만들어내기도
해서 양조사는 그런 환경을 이용하기도 한다.

7. **디아세틸(diacetyl): 버터 향, 팝콘 냄새**
에스테르와 마찬가지로 곡물 향을 강조하는
일부 에일에서는 적당하다면
괜찮은 향으로 취급 받기도 한다.

8. 그 외: 삶은 채소, 곡물, 곰팡이
맥아의 상태에 따라 삶은 채소나 곡물 껍질 냄새가
강하게 나기도 하고,

양조나 유통 과정 중 미약한 수준으로 오염됐다면
곰팡이나 땀 냄새가 나기도 한다.

결국 양조가는 이 모든 이취를 균형 있게 피하거나
잘 조정해야 나쁜 맥주를 만들지 않을 수 있다.

하지만 당신이 그 이취를 즐기고 있다면,
그 향은 더 이상 이취가 아닌 아로마다.

자, 이제
맥주잔에 코를 박고 향을 맡아 보자!

11화

★

묵혀 먹는 맥주
(1)

수도원 맥주

김치에는 바로 먹는 김치와 익혀 먹는 김치가 있다.
샐러드처럼 먹는 겉절이도 있고,

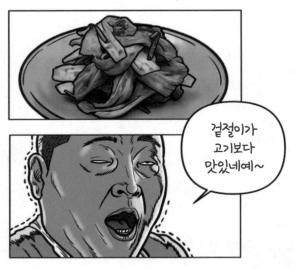

겉절이가
고기보다
맛있네예~

심지어 3년을 넘게 묵힌 묵은지처럼
짜고 시큼한 것도 있다.

뭐야...
썩은 거 아냐??

이거 묵은지야!
이 개XX야!!

물론 보통의 김치도 냉장고에서 반년은 너끈하다.

김치를 오래 묵히는
비결은 뭘까?

우선, 소금이다.
소금은 김치의
발효 속도를 늦춰
과숙성되지 않도록 한다.

물론 온도도 중요하다. 보관 온도가 너무 높으면
발효 속도가 빨라지다 못해 폭발하기도 한다.

꾸아악

김치 폭발 카드

김치가 폭발한다.
주위 10㎥에 피해를 주고
2주간 정신적 고통을 준다.

또 다른 비결은
채소의 종류다.
묵은지를 만들려면
질긴 김치를 써서
조직이 흐물흐물해지지
않도록 한다.

질긴 놈이
이기는 거야.

이런 조합의 결과로 만들어진 묵은지는 오랜 숙성을
버틸 수 있게 된다.

맥주도 마찬가지다. 대부분의 맥주 상미기한은
병에 담긴 후 냉장 보관 6개월 이내 정도이지만,
가급적 신선하게 마셔야 하는 맥주와 숙성할수록
맛있어지는 묵은지 같은 맥주가 있다.

최대한 신선하게 마셔야 하는 겉절이 맥주의 최고봉은
역시 뉴잉글랜드(New England) IPA다.

홉 향을 품은 홉 오일은 휘발성이라 병에 담을 때부터
실시간으로 사라지기 시작하고,

뉴잉글랜드 IPA는 미숙성의 홉 주스에 가깝기 때문에
홉의 신선함이 무엇보다 중요하다.

겉절이 맥주의 또 다른 예는 바이젠이다.

양조장에 신선한
바이젠이 있다면
꼭 즐겨 보자.

반면 묵혀 마시는 맥주는 강한 알코올과 몰트,
때론 신맛의 특성까지 갖고 있다.

묵힌 맥주
삼형제를
소개하지.

두둥!

묵힌 맥주??

알코올
입니다.

소금과 같은
보존제 역할을
하지요.

다량의
몰트입니다.

알코올

신맛입니다.

몰　트

신　맛

오래 발효 숙성해도
견딜 만큼 많은 곡물로
깊은 풍미를 주죠.

오래 숙성해
개성 강한 신맛을
연출해요.

높은 도수의 묵혀 마시는 맥주로는 몰티한 맥주와
신 맥주(Sour Ale)로 분류해 볼 수 있다.

이 맥주들의 재미있는 이야기를 살펴보자.

먼저 알아볼 맥주는 수도원 맥주다.

애비 에일(Abbey Ale) 또는
트라피스트 에일(Trappist Ale)로 불리는
수도원 맥주는 이름 그대로 수도원에서 만들기 시작했다.

교회에서 술이라니 의아할 수도 있지만,
과음이 아니라면 술은 딱히 교회의 제재를 받지 않았다.

또 가톨릭의 부패와 면죄부를 비판한
종교개혁의 상징 마틴 루터는 심지어 역사에 기록된
최고의 맥덕이기도 했는데,

잠을 잘 때는 죄를 안 짓거든.
근데 맥주를 마시면 잠이 와. 고로 맥주를
마시면 천국에 갈 수 있어.

마틴 루터(1483~1546)

※ 마틴 루터가 실제로 한 말.

교회에서 술 생각하는 것보다
맥줏집에서 교회 생각하는 게 낫지 않냐?

상남자인 그는 가톨릭의 부패에 환멸을 느낀
수녀 아홉 명을 수도원에서 탈출시키고,
그중 한 명인 카테리나와 결혼했는데,

너네 중 한 명이랑
결혼할 거야.

근데 둘은 어디 갔어?

벌써 시집갔어요~

······

카테리나는 수도원에서 제대로 배운 양조사여서
후에 맥주 공장까지 차렸고, 궁정에 맥주를 납품하며
마틴 루터의 활동을 내조하기도 했다.

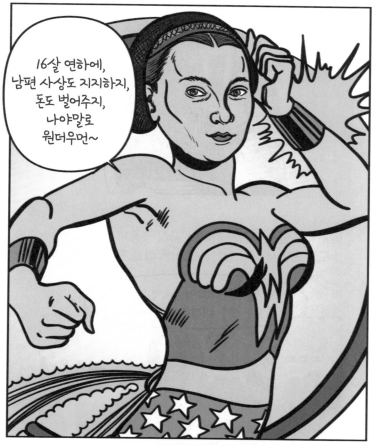

카테리나 폰 보라(1499~1552)

마틴 루터의 영원한 후견인 작센의 제후
프리드리히 3세가 두 사람의 결혼식에
아인벡 맥주를 선물로 보내기도 했다.

당시 수도원은 고립된 하나의 '자치 공동체'로
수도원 안에서 모든 생산과 소비를 해결해야 했는데,

특히, 부활절 전 40일의 사순절 기간 동안에는
너무 힘들었다.

단, 그들의 금식에 예외 조항이 있었다.

액체는 상관없다는 것!
그들에게 맥주는 고된 노동과 단식을
극복할 수 있는 액체빵이었다.

하지만 이조차 몇 잔으로 제한하는 경우도 있었기에
되도록 많은 열량과 영양소를 섭취할 수 있도록
곡물을 많이 넣게 되었는데....

수도사들의 이러한 맥주는 자연스럽게 곡물적 특성이
강화되어 높은 도수의 몰티한 맥주가 되기 마련이었고,
당시의 지식층인 수도사들은 나름의 양조법과
품질관리법도 체계적으로 정리하게 된다.

명칭	수도원 맥주
특징	보관 기관이 수년에 이르러도 오히려 맛이 안정되는 경향
도수	6.5~12도 등

설명 벨지안 스트롱 에일 중에서도 수익금을 교단이나 자선에 쓰는 목적으로 인증받은 성당과 수도원에서 만들어내는 맥주. 스타일이라기보다 한 부류의 맥주에 가깝다.
알코올 도수가 높고 곡물적 특성이 드러나는 몰티한 맥주임에도 불구하고 설탕을 첨가해 바디감과 마무리는 깔끔하다. 복합적인 과일 향 같은 에스테르나 페놀 등이 느껴지고 밝은색부터 아주 검은색까지 다양하다.
도수에 따라 두벨(Dubbel, 두 배, 6.5~7.6도), 트리펠(Tripel, 세 배, 7.5~9.5도), 쿼드러펠(Quardrupel, 네 배, 9~12도) 등으로 불린다. 대중적인 수도원 맥주로 시메이 레드(Chimay Red)나 시메이 트리펠(Chimay Tripel), 시메이 블루(Chimay Blue), 로슈포르(Rochefort) 등이 있다.

수도원 맥주 시마이~

★

12화

묵혀 먹는 맥주 (2)

임페리얼 스타우트

이번엔 묵혀 마시는 또 다른 맥주,
임페리얼 스타우트에 대한 이야기를 해보자.

현대 맥주에서 'Imperial'은 '세다'는 의미를
가진 접두사지만, 본래 그 뜻대로
'황제에게 바치는 스타우트'라는 의미였다.

여기서 황제는 러시아의 황제를 가리키며,
그것도 남편을 사형시키고 황제 자리를 차지한
독일인 여성 대제였다.

전대 표트르 대제는 서유럽의 여러 문물을 배우기 위해
영국에 머문 적이 있는데,

당시 표트르 대제가 영국에서 즐긴 맥주는
서민 맥주인 포터(Porter)의 도수를 세게 만든
스타우트 포터(Stout Porter)였다.

산업혁명 무렵, 발전한 증기력의 혜택으로
밝은 몰트와 어두운 몰트를 생산해 현대와 같은
스타우트나 포터를 만들 수 있을 때까지
영국의 어두운 맥주 발전사는 다음과 같다.

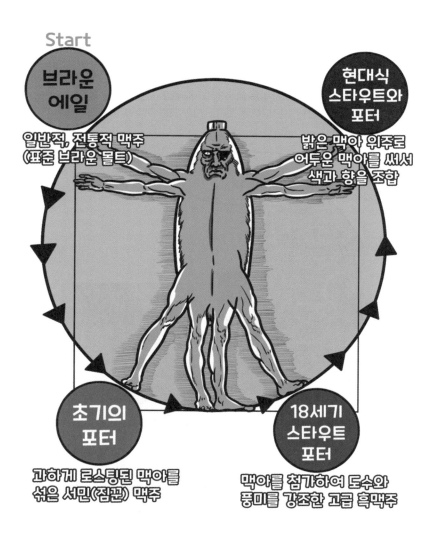

Start

브라운
에일

현대식
스타우트와
포터

일반적, 전통적 맥주
(표준 브라운 몰트)

밝은 맥아 위주로
어두운 맥아를 써서
색과 향을 조합

초기의
포터

18세기
스타우트
포터

과하게 로스팅된 맥아를
섞은 서민(짐꾼) 맥주

맥아를 첨가하여 도수와
풍미를 강조한 고급 흑맥주

명칭 **블랙 페이턴트 몰트(Black Patent Malt)**

설명 1817년 대니얼 휠러(Daniel Wheeler)는 수분과 열을
조율해 205~240도 사이에서 맥아를 아주 검게 만드는
기술을 개발하고 이를 특허 등록했다.
블랙 페이턴트 몰트가 나온 이후 양조사들은 브라운
몰트의 첨가량을 줄이고 블랙 페이턴트 몰트를 소량
첨가하는 방식으로 양조 방식을 바꿨다.
이때 우리가 아는 새까만 스타우트와 포터가 탄생했다.
이전의 스타우트와 포터는 사실 고동색에 가까웠다.

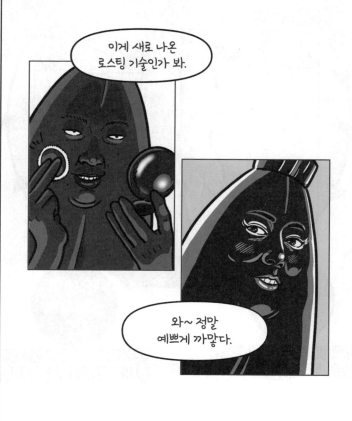

218

표트르 대제가 러시아에 돌아올 때 러시아의
독주 문화를 바꾸기 위해 영국의 스타우트 포터를
건강 음료로 들여와 전파했다는 이야기도 있다.

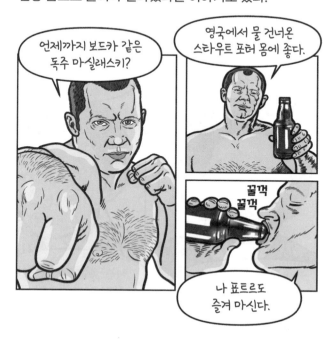

그 영향으로 예카테리나 시대에도 영국과 프랑스,
프로이센(독일)의 문화가 러시아의 궁정과 상류층에
스며든 상황이었다.

독일 출신 루터교 신자였던 예카테리나 2세가
도수 센 러시아의 독주보다 맥주를 좋아했던 건
어쩌면 당연한 일인지도 모른다.

그래서 예카테리나 2세는 궁정의 술로
스타우트 포터를 대량 주문하기에 이른다.

하지만 영국의 양조업자들에게는
약간의 해결책이 필요했다.

영국에게 러시아와 발트해 주변 국가는 바다와 육지
모두 먼 거리여서 맥주 수출은 쉽지 않았다.

게다가 러시아에서는 술이
몸을 따뜻하게 만드는 약의 역할도 했기 때문에
높은 도수의 맥주가 인기가 많았다.

그래서 스타우트 포터의 도수를 약 8도까지
높이기 시작했는데 그러다가 스타일이 자리 잡히자
멋진 이름을 붙였다.

그게 바로 러시안 임페리얼 스타우트(Russian Imperial Stout), 줄여서 임페리얼 스타우트다.

사실 당시 포터(스타우트 포터)의 진정한 특징은
어두운 색이 아닌 반년에 가까운 '숙성'이었다.
이는 지나치게 탄 거친 맥아의 향을 오랜 숙성을 통해
진정시키는 효과 때문이었다.

특히 높은 도수일수록 알코올이 튀는 느낌,
즉 알코올 부즈(booze)를 진정시키기 위해
좀 더 긴 숙성을 필요로 한다.

사실 긴 숙성 기간은 양조장의 입장에서 술의 생산량을
줄이는 것이라 좋은 일이 아니다.

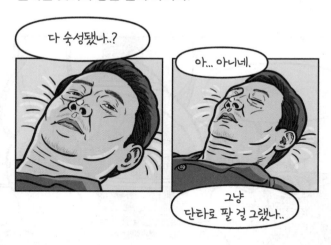

그러나 임페리얼 스타우트는 그게 오히려 장점이었다.

당시 임페리얼 스타우트는 주로 오크통에 담겨
러시아로 운송됐는데, 자연스럽게 점차 낮은 온도에서
숙성됐고, 넓은 러시아 영토 내에서도 오랫동안
오크통에 담겨 있으면서 더 숙성되고 기품을 더해 갔다.

심지어 이를 지켜본 발트해 지역의 양조사들은
또 다른 흑맥주를 만들어 내는데,
그게 바로 발틱 포터(Baltic Porter)다.

추운 러시아에서 발효를 하려면 라거 효모가
적합했기 때문인데, 과학적 지식이라기보다는 그 지역
맥주 속의 잔여물(동면 효모)을 사용했기 때문일 것이다.

서구권에서는 발틱 포터가 알려지지 않았는데,
그 이유는 냉전 때문이었다.

명칭	발틱 포터(Baltic Porter)
특징	발틱(Baltic) 지역의 다크라거
도수	도수는 6.5~9.5도

설명 임페리얼 스타우트 또는 스타우트와 비슷하게
몰티하지만, 비교적 쓰지 않고 부드럽다. 따뜻함을
추구하는 맥주지만 다크라거답게 스타우트보다는
깔끔하게 떨어진다. 스타우트처럼 캐러멜, 초콜릿,
건조 과일의 풍미를 풍기며 커피 등 부재료와 같이
만들어지는 경우도 있는데, 국내에서는 부재료의 특징
때문에 '커피 맥주'라는 별칭으로 알려진 적도 있다.
다만 그 색은 구리색이나 그보다 어두운 적갈색 정도로,
현대식 스타우트의 에스프레소 같은 블랙보다는
다소 밝다. 대표적으로 러시아의 발티카 No.6,
국내 크래프트 양조장 맥파이의 첫차 등이 있다.

새벽 안개 헤치며 달려가는~

어쨌든 18세기 한 시절의 전설을 남긴 러시안 임페리얼 스타우트는 역시 좋은 소재가 되어 현대 미국 양조가들의 손에 의해 재탄생한다.

미국의 양조가들은 더 많은 몰트를 사용하고

홉을 강조해 더 쓰게 만들었다.

그리하여 태어난
아메리칸 임페리얼 스타우트!

덕분에 현대에는 8~12도의 높은 알코올 도수,
에스프레소를 능가하는 쓴맛을 자랑하는
임페리얼 스타우트가 흔하다.

세계적으로 유명한 미국의 올드 라스푸틴,
국내 크래프트 맥주 흑백 등의 임페리얼 스타우트는
일부 편의점에서 판매하기도 한다.

편의점으로 팔로 팔로 미~

그럼 대체 얼마나 묵혀 마실 수 있을까?

10도 이상의 임페리얼 스타우트라면
냉장 상태에서 1~2년도 충분히 가능하다.
오크통에서 숙성시킨 배럴에이징 임페리얼
스타우트라면 3년도 가능할 것이다.

임페리얼 스타우트 몇 병을 사서 1년 정도 기간을 두고
차례차례 마셔보는 것도 좋은 경험이 될 것이다.

자, 이제 임페리얼 스타우트의 풍미를 느껴보러 가자!

13화

★

묵혀 먹는 맥주 (3)

신 맥주

자연계에서 흔히 쓴맛은 독성을 의미하고,
신맛은 부패를 의미한다.
톡 쏘는 쿰쿰함과 함께라면… 말할 것도 없다.

그렇지만 그 쓴맛과
신맛에 익숙해지면
끊기가 쉽지 않아
값비싼 기호 식품의
자리를 차지하기도 한다.

비싼 가격에도 불구하고 묵혀 먹는 럭셔리 기호 식품으로
자리 잡은 신 맥주! 사워에일(Sour Ale)에 대해 알아보자

사워에일을 알기 위해 우선 알아야 할 개념은
가장 전통적인 양조 방식인 자연발효다.

사실 자연발효는 일상에서도 이미 쉽게 접하고 있는데,
대표적인 예가 사워도우와 김치다.

사워도우는 반죽을 곡물이나 공기 중 유산균과 효모에
노출시키고 발효해 만든 시큼하지만 소화가 잘 되는
빵이다. 김치도 비슷한데 별도의 균을 주입하지는 않는다.

태초의 자연발효 맥주에 가까운
벨기에 람빅 맥주의 예를 들어보자.

람빅 양조장의 가장 큰 특징은 쿨쉽(Cool Ship)이라
불리는 냉각조 겸 발효조, 그리고 거미줄이다.

람빅은 일반 맥주와 달리 끓인 맥즙을
쿨쉽에서 천천히 냉각하고
거품만 방어층으로 삼아 수개월 동안 발효한다.

이때 날벌레와 바람이 엔테로박터(Enterobacter)처럼
부패를 일으키는 미생물과 유산균 그리고
야생효모(에일 또는 브렛)를 날라 맥즙에 뿌려주는데,
그 양이 얼마나 될지는 운에 맡긴다.

발효 생태계가 달라지면 맛도 바뀌기 때문이다.

이 미생물들은 스스로 살 수 없을 만큼 맥즙을
시큼하게 만들어 자가 살균되거나
효모가 발효 생태계를 장악하면서 정리된다.

부패와 발효 사이에서 충분히 시어진 맥주는
유산균 그리고 브레타노미세스가 가득한 오크통 속에
들어가 다시 1~3년의 발효와 숙성을 거치는데

복잡한 구조의 당을 먹지 못하는
에일 효모와 달리 하이에나 같은 브레타노미세스는
거의 모든 당과 탄수화물을 먹고
알코올 발효를 한다. 그래서 단맛이 없는
아주 시고 드라이한 람빅이 만들어진다.

이 과정에서 브렛 효모 특유의 가죽 냄새와 쿰쿰함이 더해진다. 이를 가리켜 흔히 펑키(funky)하다고 한다.

그렇게 만든 람빅 원액은 시고 거칠며 드라이하다.
막상 맛이 탁월하지 않은 경우도 있어서
서로 다른 숙성 기간을 가진 통 속 원액을 블렌딩해
맛있고 부드럽게 만든다.
그런 람빅의 형태를 괴즈(Gueuze)라고 한다.

그렇다고 절대
하위호환이 아냐!!
블렌딩은 또 하나의
기술이라고!!

람빅을 부드럽게 만드는 또 다른 방법은
과일 이용이다. 냉침한 과즙을 발효가 끝난 람빅에 섞어
좀 더 향긋하고 부드러운 맛을 연출한다.

잠깐 상식!

명칭	과일 람빅(Fruit Lambic)
도수	5~7도 사이
설명	과일을 섞은 벨기에 블렌딩 람빅, 즉 괴즈의 일종이다. 과일의 신선함과 더불어 복잡하고 쿰쿰한(funky)한 산미가 공존하는 맥주다. 흔히 체리나 라즈베리를 사용하는 경우가 많다. 넣은 과일에 따라 다른 색이 나기도 하지만 여전히 드라이한 편이다. 냉장고에서는 20년 이상 병으로도 숙성 가능하다. 유명한 상업적 예로 3분수 크릭(3 Fonteinen Kriek), 칸티용 프람보아즈(Cantillon Framboise), 오드 크릭 분(Oude Kriek Boon) 등이 있다.

괴즈든 과일 람빅이든
핵심은 묵히기!
오크통에서 이미 수년을 묵힌
녀석들을 다시 병 속에서
묵히기도 한다. 병입 후
상미기한이 무려 20년!
묵힌 람빅은 오히려 대우를
받기도 한다.

람빅의 경우, 벨기에 람빅 단체인 호랄(HORAL)이
양조와 발효 방식에 관해 공식 인증을 해줘야
람빅으로 인정된다. 덕분에 이런 불확실하고 힘든
전통적 양조 방식이 비교적 잘 유지되고 있다.

이러한 인증 없이 전통적으로 양조해 온 사워에일도
꽤 많다. 플랜더스 레드 에일(Flanders Red Ale),
베를리너 바이세(Berliner Weisse), 고제(Gose)가 그 예다.
이 맥주들은 두 번의 세계대전과 소비환경 변화 등으로
인해 맥이 끊길 뻔 하기도 했지만,

유럽의 양조가들과 미국 크래프트 맥주계의 발굴로
오히려 현재는 핫한 맥주의 반열에 들어서고 있다고
할 수 있다.

명칭	플랜더스 레드에일(Flanders Red Ale)

특징	맥즙의 단맛과 캐러멜화된 향을 끌어내는 특징

도수	4~6.5도

설명 오크 향이 배인 과일 향과 산미, 풍부한 바디감으로
흡사 와인처럼 느껴지는 맥주다. 와인 맥주라고도
알려져 있지만 사실 과일이 들어가지는 않는다.
하루 종일 끓이고 졸여 맥즙의 단맛과 캐러멜화된 향을
끌어내는 특징이 있는데, 냉각 후 와인 오크통에서
유산균과 야생 효모(일반 에일 효모와 브렛 효모)에 의해
다시 수개월 동안 발효되고 숙성돼 와인과 같은 질감과
향을 품게 된다.
접하기 쉬운 상업적 레드에일로는 흔히 '와인 맥주' 또는
'수녀님 맥주'로 알려진 듀체스 드 부르고뉴(Duchesse de
Bourgogne)가 있다.

마트에서 본 적 있지?
A멘~

사실 사워링(맥주를 시게 만들기)의 차이는 조금 있다.
보통 개방형 발효조나 나무통에서 자연발효를
진행하지만, 최근 베를리너 바이세나 고제 맥주는
유산균을 투입해 미리 맥즙을 원하는 단계까지
시게 만드는 사전 처리 과정을 거친다.
이를 케틀 사워링(Kettle Souring)이라고 부른다.
케틀 사워링의 과정을 간략히 살펴보자.

1 당화된 맥즙에 유산균을 투입한다.
  산도가 4도 아래로 낮아지면
  유산균의 생존성이 높아져 젖산을
  첨가하기도 한다.

2 1~2일 정도 유산균이 당을 먹고
  젖산을 내놓으며 맥주를 시게 만든다.

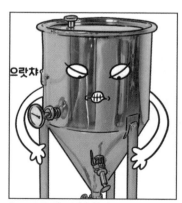

3 1~2주 정도 발효한다.

4 일반 맥주처럼 끓이고 냉각하고
  효모를 넣는다.

명칭	베를리너 바이세(Berliner Weisse)

특징	옅고 밝은 유산균이 중심이 된 독일의 사워에일

도수	2~4도로 도수 약한 맥주

설명 밀과 빵의 풍미, 강한 탄산감이 특징이다. 브렛 효모가
아예 쓰이지 않는 경우도 있고, 유산균 때문에
시다고는 하지만 쿰쿰함이 드러나지는 않는다.
오히려 사과나 레몬, 복숭아 같은 과일 풍미가
풍긴다. 세계적인 예로 베를리너 버그(Berg)가 있고,
우리나라에는 강원도 속초 몬트비어의 '피치 화이트'
등이 있다.

김치 유산균으로
사워링했다고~

명칭	고제(Gose)
특징	살짝 뿌옇지만 탄산감이 제법 있는 맥주
도수	4.2~4.8도

설명 밝은 겉모습이나 향은 밀맥주와 비슷하다.
약간 짭짤한 맛에 고수 향이 서려 있는데, 실제 약간의
소금이나 레몬, 고수 씨나 고수를 첨가하기 때문이다.
산미에도 불구하고 시큼하고 상쾌한 레모네이드의
느낌을 안긴다. 본고장 독일의 리터구츠(Ritterguts) 고제
등이 유명하지만, 국내에서도 라임이나 오렌지 고제,
심지어 토마토 등의 야채나 채소를 넣은 정규 라인업의
크래프트 맥주를 만들고 있다. 크래프트 양조장에
고제가 있다면 특이한 맥주로 꼭 한번 즐겨 보자.

나는 수제맥주 브랜드
감자아일랜드의
'토마토로' 고제!

TOMATOR
MADE IN GANGWON

그 외 '와일드 에일'이라는 넓은 개념의 용어도 있는데,
이 역시 사워에일의 한 종류다. 람빅 같은 인증이나
특유의 전통은 거의 없지만, 크래프트 맥주
특유의 창의성으로 전통을 대신하려는 맥주다.

묵혀 먹는 맥주의 최고봉!
사워에일의 시큼함을 즐겨 보자!

14화

★

금주법과
무알콜 맥주

알려졌다시피 미국에는 금주법 시대(Prohibition era,1919~1933년)가 있었다.

[수정헌법 제18조]

미국 내 모든 주류(알코올 도수 0.5도 이상)의 제조,
판매, 운송, 수출입을 금지함.
(단, 교회의 와인과 약용 브렌디 정도는 허용)

금주법의 역사는 사실 여러 문화권에 존재했고,
특히 이슬람 문화권의 금주법은 상징과 같아서 다른
문화권에서도 자연스럽게 받아들여진다.

그런데 왜 유독
미국 금주법이 그렇게 악명 높을까?

통상 다른 나라의 금주는 자원 부족에 그 이유가 있다.
효모의 식량인 당은 결국 인간의 식량이기도 해서
지배층이 술을 많이 마시면 피지배층의 고난이 가중된다.

조선 영조 재위에도 가뭄을 계기로 금주령을 내렸는데,
이때 한 고관이 술을 빚어 마셨다는 이유로
참수형에 처한 사례가 있다.

하지만 미국은 달랐다. 미국의 곡물과 과일은
비교적 풍요로웠고, 특히 옥수수가 많이 났다.
그래서 아예 양조장과 증류소를 만들어 저장이 편하고
부가가치가 큰 버번 위스키를 만들어 싼값에 유통시켰다.

미국의 술, 특히 증류주는 많은 문제를 야기했는데...
알코올성 질환을 앓게 하거나
가정폭력 같은 사회문제를 발생시켰다.

특히 제1차 세계대전의 트라우마는 많은 남성들을
알코올에 의존하게 만들어 당시 미국에서 술 문제는
베트남전 이후의 마약처럼 매우 큰 사회적 이슈였다.

금주법의 상징 캐리 네이션(Carrie Nation)은
그 모든 것의 상징 같은 사람이었다.
캐리 네이션의 남편은 알코올 중독과 도박으로
삶을 허비하다 사망했다. 술과 도박을 신에 대항하는
죄라고 확신하게 된 그녀는 도끼와 성경을 들고
그 증오심을 술집과 도박장에 풀었다.

캐리 네이션(1846~1911)

캐리에게 박살난 술집이 수십 곳에 달했고,
술에 취한 남편 때문에 괴로워하던 부인들과 근면한
노동자를 원하는 기업인들의 지지를 받기도 했다.

그렇게 술이 남아돌아 시행된 금주법은
다른 사회현상을 만들어냈는데...
어차피 마실 사람은 다 마신다는 것이었다.

어차피
대중들은
개돼지입니다.
아무리 법으로
막아도 알아서
마실 겁니다.

돈 좀 있는 사람들은 스피크이지(Speakeasy) 혹은
세이프하우스(Safe house)라고 불리는
비밀 술집에서 술을 마셨고,

누구요?

존 왁이요.
당장 문 열어요.
술집인 거 다 아니까.

가난한 사람은 집에서 몰래 만들어 먹기도 했다.
예를 들어 벽돌 와인(Brick Wine)이라고 불린
제품이 있었는데, 일종의 말린 포도를 이용한 것으로
이 포도가 적당량의 효모와 당을 갖고 있는 점을 이용,
물에 풀어 상온에 두고 와인을 만드는 식이었다.

이는 판매처를 잃어버린
포도 농장과 와인 업계의 꼼수였다.

맥주도 마찬가지여서 버드와이저 같은 회사들은
몰트를 당화하고 졸여서 몰트 시럽으로 판매했고,
사람들이 여기에 제빵용 효모를 넣어
스스로 맥주를 만들어 마시기도 했다.

그 외에도 교회에 들어가 와인을 얻어 마시거나
처방전을 받아 브렌디를 마시는 찌질한 모습도 보였다.

하지만 진짜 문제는 마피아였다. 공장까지 차려 대규모의 밀주를 유통할 수 있는 이들이 바로 마피아였다. 금주법은 그들에게 아무나 진입하기 어려운 어둠의 시장을 안긴 셈이 됐다. 심지어 세금도 없었다.

나야, 대부 알카포네.

TIME

시카고에서 날 빼면 섭하지.

※ 실제 〈타임지〉 표지 모델로 등장.

증류 시간

후류(TAILS)
프로판올
퓨젤유
아세트산
푸르푸랄

탈락!

중류(HEARTS)
에탄올

초류(HEAD)
메탄올
아세톤
아세트 알데하이드
에스테르

밀주업자들은 문샤인(Moonshine)이라고 불리는 증류주를 말 그대로 어두운 밤 달빛에 의존해 만들었다. 그런데 증류 시 초류를 제대로 제거하지 않아 사람이 다치는 사고가 나기도 했고, 짧은 숙성 기간 때문에 풍미 없이 독하기만 한 술이 많았다.

인체에 치명적인 성분이 많아 마시면 안 돼!

여기서 재미있는 것은 밀주를 유통하다가
경찰에 걸리면 곡예 도망 운전을 하기 일쑤였는데...
이것이 후에 유명한 자동차 경주 대회인
나스카(NASCAR)의 유래가 되기도 했다는 것.

이들의 밀주 행위는 점점 기업화되어
금주법이 끝날 무렵엔 또 다른 캐시카우를 찾아
우유 산업에 진출했다. 이때 유통 기한을 표기하고
냉장 보관을 시작하는 등 역설적으로
낙농업에 기여하기도 했다.

마피아는 돈을 벌고
금주법이 오히려 국민의 건강을 위협하는 상황에서
미국의 회의감은 깊어져 갔는데...

결정타는 대공황이었다.

초유의 경제 위기에서 미국 정부는
한 푼의 세금이 아쉬웠고, 결국 그렇게 금주법은
아픔만 남긴 채 폐지된다.

난 세금만 걷으면 되는데...

내가
괜한 일을
했구먼.

미정부

찌익

금주법 상황에서 맥주업계도
살고자 발버둥치며 상품을
만들어내긴 했다.
바로 0.5% 이내 알코올만 갖고
있는 니어비어(Near Beer)였다.

거의
맥주여.

NEAR
BEER
Non Alcohol

만드는 과정이 별로 어렵지도 않았는데,
위스키 비어(또는 워시)를 만들어 위스키를 만드는
과정 그대로 맥주를 만들고, 에탄올의 증류 온도인
79도 이상으로 끓여 알코올을 날려 버렸다.

그럼 뭐해..
풍미도
다 날아가
버렸잖아...

허무...

니어비어가 당시 소비자들의 사랑을 받지는 못했지만,

왜 무알콜 맥주를
알아봐주지 않지??

술도 아냐!
저딴 걸 누가 마셔?

보리차 아냐?
ㅋㅋㅋ

NEAR BEER

인류 역사상 첫 무알콜 맥주였던 건 분명하다.

술이 두려운 그대!
무알콜 맥주를 마셔 보자!

명칭	무알콜 맥주

설명

우리나라는 알코올 도수 1도 미만의 술은
주류로 보지 않지만, 같은 무알콜 맥주라도
두 종류로 나누어 볼 수 있다.

① 효모를 접종해 발효하되 끓여서 알코올을 대부분
   제거하거나 발효를 매우 짧은 기간 진행해 알코올이
   미량이라도 있는 저알콜형 무알콜 맥주.
② 애초에 효모 접종과 발효 과정 없이 크게 달지 않은
   워트(wort, 당화액)에 홉을 적당히 섞어 맥주 맛을 내는
   그냥 보리 음료. 이 경우 알코올은 전혀 없다.

둘 다 맛이 니어비어 시절과는 비교할 수 없이
나아지고 있는 편이라 금주법으로 유명한 중동 지역
외에도 전 세계 각국에서 수요가 늘고 있다.

273

15화

★

벨기에와 맥주

윗비어 호가든

'벨기에' 하면 뭐가 생각날까? 와플? 초콜릿?
밀덕이라면 정밀한 총이 생각날지도 모르지만,

안중근 의사의 의거에 쓰인
총도 벨기에제였다.

※ 더 자세한 총 이야기는 책 《만화로 보는 피스톨 스토리》에서!

벨기에의 진짜 유명 상품은 맥주다.
세계 1위 맥주 회사이자 2위의 주류 회사가 바로
벨기에의 AB InBeV다.

앤하우저부시 인베브(AB InBev) :
인수합병(M&A)으로도 유명하며,
전 세계 맥주 시장 점유율의 20~25%를 차지하지.
호가든, 스텔라 아르투아 뿐만 아니라 버드와이저나
우리나라 OB맥주도 있깍깍~

파닥파닥

ABInBev

벨기에는 네덜란드, 프랑스, 독일에 둘러싸인 나라로,
이 세 개 국가의 언어가 모두 쓰일 만큼
복잡한 문화 교차로다.

지정학적으로는 매우 어려운 입장이지만,
음료의 다양성 면에서는 이상적인 환경이다.

그러다 보니 낯선 맥주를 만난 사람들은
이런 생각을 하게 된다.

이웃 국가인 독일이 순수령 아래 보리와 홉 외에
바이젠을 위한 밀의 사용만 허용했다면,

그에 비해 벨기에는 허브와 각종 향료, 과일,
심지어 캔디를 만들어 사용하는 등 마치
지금의 크래프트 비어 같은 창의성을 발휘할 수 있었다.

너무 다양한 벨기에 맥주가 있지만,
그래도 구분되는 특징을 요약하자면...

첫째, 페놀이나 건과일 같은 스파이시하고 강한 향이다.

둘째, 비교적 가벼운
바디감이다.
곡물 외에 설탕이나 캔디를
사용하기도 하는 벨기에
맥주들은 알코올 전환율이
높아 도수에 비해 가벼운
바디감을 갖고 있다.

세 번째, 높은 도수다
재료와 양조 기법도 그렇지만, 한 나라에 이렇게
7~8도가 넘는 맥주가 몰려 있는 곳은 드물다.

그럼 이제
벨기에의 주요 맥주들을 살펴보자.

먼저 윗비어(Witbier)를 알아보자.

밀맥주 중 가장 유명한 장르인 벨기에의 밀맥주
윗비어는 벨지안 화이트(Belgian White)나
블랑(Blanc)으로 불리기도 한다.
가장 유명한 맥주는 호가든(Hoegaarden)이다.

그러나 달도 차면 기우는 법!
세계대전과 1950년대 황금빛 필스너, 페일 라거의
대유행으로 마지막 호가든 양조장(Tomsin)마저
1957년 문을 닫으면서 결국 맥이 끊긴다.

그러나 윗비어에겐 구원자
피에르 셀리스(Pierre Celis)가 있었다.
그는 가업인 우유 유통업을 하면서 종종
마지막 윗비어 양조장 톰신에서 양조 일을 도왔다.

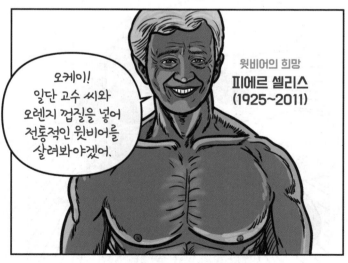

1966년 그는 버려진 양조장 설비들을 모아
자신의 이름을 단 셀리스 양조장을 차리고,
호가든 마을의 이름을 따 밀맥주 호가든을 내놓는다.

1980년대 밀맥주에 대한 수요가 증가하자
그의 양조장은 폭발적인 성장을 이루고,
호가든은 밀맥주의 상징이 된다.

1985년 호가든 양조장에 큰 불이 나
좌절의 시간도 보냈지만,

하지만 이를 계기로 벨기에 최고의 라거,
스텔라 아르투아의 투자를 받아 대량 생산에 들어간다.

가끔 맥주 소비자들은 셀리스가 부활시킨 호가든,
스텔라 아르투아 시절의 호가든,
현재 AB InBeV의 호가든이
각각 다른 맛과 레시피를 가졌다고 불평하기도 한다.

실제로 스텔라 아르투아에서 양조법 변경 요청이
들어오자 셀리스는 호가든의 지분을 모두 팔고
미국으로 떠나 자신의 이름을 딴 양조장
셀리스 브루어리(Celis Brewery)를 만들기도 했다.

명칭	윗비어(Witbier)
특징	탁하지만 밝은 색의 효모 캐릭터가 강조된 밀맥주
도수	4.5~5.5도

설명　벨기에가 고향이다. 강한 탄산에 드라이하고 향긋한
느낌을 안겨 여름에 잘 어울린다. 살짝 시큼한 맛을
연출한 윗비어도 꽤 있다. 오렌지나 과일 껍질, 허브류나
향신료가 쓰이기도 하는데 특히 고수나 고수 씨가 많이
쓰인다. 바닐라 같은 효모 향, 그리고 첨가한 부가 재료의
향이 중심이 되는 아로마형 맥주라 꼭 잔에 따라 마시는
것이 좋다. 부드러운 거품의 비결은 밀이다.
밀은 맥주에 단백질을 제공해 뿌연 빛깔과 함께
부드럽고 하얀 거품층을 선사한다. 대표적인 상업 맥주로
당연히 호가든을 들 수 있다!

부드러운 거품을
느껴 봐.

그렇다면 독일식 밀맥주 바이젠(Weizen)과의
차이는 무엇일까?

호가든 같은 윗비어와 독일의 바이젠 같은 밀맥주를
즐길 때 재미있는 점이 하나 있는데,
바닥에 가라앉은 효모와 그 부산물에서
밀맥주 특유의 개성 있는 풍미를 느낄 수 있다는 점이다.

그래서 밀맥주는 이렇게 따르는 게 좋다.

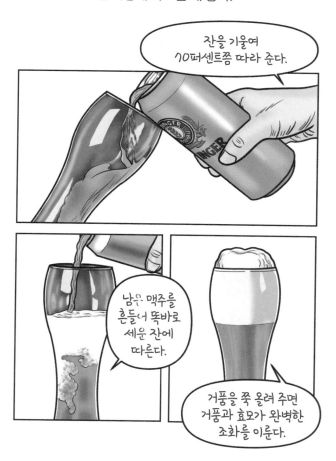

잔을 기울여
70퍼센트쯤 따라 준다.

남은 맥주를
흔들어 똑바로
세운 잔에
따른다.

거품을 쭉 올려 주면
거품과 효모가 완벽한
조화를 이룬다.

부드러운 밀맥주의 풍부한 거품을 느껴 보자!

16화

★

영국과
맥주 홍수

영국은 강력한 라이벌의 압박을 이겨내고 근세 이후
에일 맥주의 본고장 자리를 변함없이 지켜왔다.

근세 이후 영국에서 맥주는 주로 서민과 일반 병사가 마셨다.

영국인들은 맥주를 영양가 높으면서 도수 낮은
좋은 술로 생각했고, 서민들에게 진(Gin)이나 럼(Rum)
대신 맥주를 권하기도 했다.

또 맥주는 영국의 중요한 군수물자이기도 했다.
세계 바다를 주름잡던 영국 해군에게
가장 큰 골칫거리 중 하나는 식수였는데...

비록 미생물의 존재는 몰랐지만,
알코올 도수가 높을수록 부패가 늦어지거나 방지된다는
사실은 경험적으로 알고 있었기에
원양 항해를 갈 때는 마실 수 있는 방부제로
진이나 럼을 가져가 물과 섞어 식수로 마셨다.

나아가 진에 말라리아 약 성분을 가진 퀴닌과 라임을
섞어 말라리아를 예방할 목적으로 마시기도 하고,
럼에 라임을 섞어 마시면서 괴혈병을 방지하기도 했다.
이는 각각 우리가 아는 진토닉과 모히토가 됐다.

그렇지만 역시 증류주는 너무 독하다는 게
문제여서 항해 초기나 근해에서는
맥주를 병사들의 중요한 식수로 공급했다.
나무통 속의 물은 일주일만 지나도 상했지만,
맥주는 몇 개월까지 버티는 데다
미네랄과 열량도 풍부했기 때문이다.

*그로그(Grog): 영국 해군이 물에 럼을 타서 배급하던 것.

이런 분위기 속에서 당시 영국의 맥주 생산량은
세계 최고 규모로 성장하는데, 한 비극적인 사건을 통해
맥주 생산량을 짐작해 볼 수 있다.

바로 런던 맥주 홍수(London Beer Flood, 1814) 사건이다.

현재 우리나라의 제법 큰 수제맥주 양조장의
발효조 규모가 10만 리터가 채
안 된다는 점을 감안하면 정말 엄청난 양이다.

이 사건에서 보듯 당시 영국에서 대규모로 양조된
주류 맥주는 브라운 포터였고,
현대 포터와는 달리 어두운 갈색에 가까웠다.

산업혁명 즈음 연료와 기술의 발전으로
몰트의 색을 완전히 조정할 수 있게 되면서
비로소 밝은 페일 에일이나 흑색에 가까운
스타우트 맥주를 양산할 수 있게 됐다.

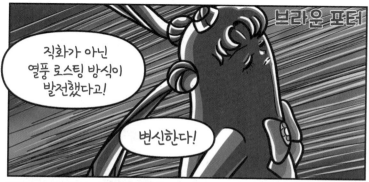

명칭	올드 에일(Old Ale)
도수	5~9도

설명 캐러멜, 건과일, 구운 빵, 옅은 가죽 냄새 등 복잡한
홍미를 가진 어두운 구리색의 영국 전통 에일이다.
살짝 찐득하다고 느낄 만큼 점성이 있는 경우도 있다.
당시에 브라운 포터로 불린 많은 술이 어쩌면
현대의 브라운 포터보다는
올드 에일과 많은 면에서 비슷했을지 모른다.
가장 유명한 상업적 상품은 식스턴(Theakston)의
올드 페큘리어(Old Peculier)다.

영국 맥주계의
고인물이랄까?

19세기 대량 생산의 물꼬를 튼 페일 에일은 또 하나의
짝을 만나는데 바로 버튼(Burton) 지역의 경수다!
경수는 미네랄이 다량 포함된 물로, 특히 버튼 지역의
물은 황산염을 다량 포함하고 있었다.

후에 양조가들과 화학자들은 황산염 미네랄이 포함된
집섬(Gypsum)을 조금 첨가하면 다른 물로도
비슷한 맥주를 만들 수 있다는 사실을 밝혀낸다.

하지만 지금까지 홉의 역할을 배웠으니
이런 의문을 가진 독자가 생길 수 있다.

맞는 말이다. 하지만 일단 홉은 비싼 재료이고,
물속 미네랄의 역할은 맛의 강화가 아니라 풍미를
종합적으로 도드라지게 하는 것에 가깝다.

실제로 현대식 페일 에일과 비터를 동종의 술로 간주하는
이들도 있으며, 둘의 경계는 불분명하다.

명칭	베스트 비터(Best Bitter)
도수	4~5도 사이
설명	비터 맥주는 풍미와 도수에 따라 오디너리, 스페셜, 베스트, 프리미엄 정도로 구분되어 불리기도 한다. 가장 유명한 장르는 베스트 비터다. 잘 알려진 상업적 예로 풀러스 런던 프라이드(Fuller's London Pride)가 있으며, 외국 맥주가 이미 주류를 차지한 영국 내 펍에서 굳건히 주류 맥주의 자리를 차지하고 있다. 상쾌하게 음용성이 강하면서도 캐러멜과 익은 과일 느낌, 숯이나 나무 같은 향이 느껴진다.

런던의 자랑!
영국 요리인 '피쉬 앤 칩스'랑
잘 어울린다고!

하지만 영국도 1950년대부터 불어 닥친
필스너와 독일·미국식 페일 라거류의 대공습은
견디기 힘들었는데

실제로 영국의 일반적인 펍에서 스타우트인
기네스를 빼면 전통 영국 맥주보다는
하이네켄 같은 페일 라거가 더 대중적이고,
영국인이 가장 사랑하는 스타우트 기네스조차
실은 아일랜드의 맥주다.

영국의 전통 양조자들은 페일 라거의 대공습 속에서
살아남기 위해 노력했고, 그 대표적인 결과물 중 하나가
1986년 엑스무어 양조장이 100주년 기념으로 내놓은
시즈널 맥주 '골든 에일'이었다.

역설적으로 골든 에일은 황금빛의 드라이함과
깔끔한 피니시를 가진 페일 라거, 즉 필스너 맥주와
비슷한 분위기를 풍긴다. 이는 라거에 길들여진
소비자를 겨냥하면서도 영국 양조장들이
접근하기 좋은 에일 맥주에 기반을 뒀기 때문이다.

실험적 맥주였던 골든 에일은 미국 등
각국으로 퍼져나갈 만큼 엄염한 주류 장르가 됐으며,
필스너처럼 가볍고 깔끔하지만 에일 특유의 풍미와
개성을 찾는 이들에게 큰 기쁨을 주는 맥주가 되었다.

나 본 적 있지?
'빅웨이브'라고 해.
4.4도의 가벼운 골든 에일이야.
어떤 요리와도 잘 어울려.

에일에서 시작했지만 라거와 같은
겉모습을 한 골든 에일.

하지만 그 아름다움은 새로움 속에 나름의
전통 어린 풍미를 담았다는 데 있다.

비터와 골든 에일
영국의 맥주들을 잊지 말라고!

17 화

★

필스너와
페일 라거

우리 주변에는 브랜드나 회사명이
그 제품의 고유명사처럼 굳어진 경우가 많다.
유명한 예로 호치키스와 포크레인이 있다.

맥주로 보면,
20세기 이후에는
페일 라거류와
미국식 라이트
라거들이
맥주의 대표 주자로
자리잡고 있다.

페일 라거의 진정한 원류는 체코 출신의 필스너(Pilsner)다.

흔히 맥주 하면 생각나는 황금빛 필스너,
그리고 페일 라거에 대해 알아보자.

필스너는 19세기 후반 체코 플젠 지역에서
탄생한 맥주로, 당시로부터 몇십 년 전 영국에서 전파된
밝은색 몰트 제조술과 체코와 독일 지역의 전통적인
저온발효 효모, 즉 라거 효모가 만나 탄생한 맥주다.

'플젠(Pilsen)의 맥주'라는 뜻인 필스너(Pilsner)는
밝은색의 맥아와 라거 효모뿐만 아니라
플젠의 물을 썼다는 특징이 있다.

으어어어!! 한층 맛있어졌다!!

훌륭한 맛과 황금빛 미학을 갖춘 필스너는
사실상 체코 유일 맥주의 지위를 굳히고는
19세기말부터 유럽의 대대적인 유행이 되어 버렸다.

명칭	필스너 우르켈(Pilsner Urquell)

특징	필스너의 원조뻘이자 체코의 대표 맥주

도수	4.4도

설명 노블홉(Nobel Hop, 체코나 독일 지역의 주류 홉)의
대표 격인 사츠(Saaz) 홉을 사용해
기분 좋은 허브 느낌 + 강한 씁쓸함이 감도는 맥주다.
전 세계에 유통되는 맥주이다 보니 가끔 빛에
노출되거나 실온에서 장기간 보관되어 맛을 잃은
필스너 우르켈을 맛본 소비자들이 '쓰기만 한 맥주'라는
평을 하곤 한다. 하지만 병이 아니라 캔이나 케그에 담긴
맥주 맛을 본다면 왜 이 맥주가 모든 페일 라거의
원조 격인지 알 수 있다. 도수는 4.4도로 모든 요리에
곁들여도 될 만큼 부담이 없다.

마셔 보면
왜 원조인지 알게 될걸?

'맑은 황금빛 맥주'로 유럽에 현대식 맥주의 개념을
정립하며 널리 알려지기 시작한 필스너는
19세기 말 두 가지 계기를 통해
다른 모습으로 퍼져 나간다. 첫 번째 계기는
파스퇴르와 덴마크의 칼스버그 양조장이었다.

덴마크 칼스버그 양조장 부설 칼스버그 연구소가
파스퇴르 미생물학의 발전을 기반으로
순수한 라거 효모(Saccharomyces Pastorianus /
Carlsbergensis)를 배양한 것이다.

후에 발전된 냉장보관 기술과
저온살균법이 더해져 필스너와 페일 라거가
전 세계로 유통 가능해질 수 있는 기반이 되었다.

두 번째 계기는 현대 맥주 어디에서나 등장하는 나라, 미국이다. 19세기 중반 이후 독일계 미국 이민자들은 미국에서 양조업, 특히 맥주 양조에서 발군의 능력을 선보였다.

명칭	버드와이저(Budweiser)
특징	살짝 뿌옇지만 탄산감이 제법 있는 맥주
도수	5도 정도
설명	독일계 이민 양조가였던 아돌후스 부시(Adolpus Busch)가 체코의 부드바이저 부드바르(Budweiser Budvar)에서 영감을 얻고, 미국에서 많이 나는 옥수수 등을 활용해 생산한 맥주다. 수십 년을 지속한 둘의 상표권 분쟁 역시 유명한데, 두 브랜드 모두 워낙 유명한 맥주라 결국 부드바이저에 '부드바르'라는 체코어 명칭을 하나 더 넣어 구분하는 것으로 마무리되었다.

형 해봐, 짜식아~

······

필스너가 보리맥아 100퍼센트로 만든 올몰트(All Malt) 맥주인 반면, 미국식 페일 라거에는 보리 외의 다른 전분질 재료(옥수수나 쌀)가 들어가 부가물 라거(Adjunct Larger)라 할 수 있다. 이것이 이 둘의 결정적인 차이다.

부가물 라거는 깔끔하고 시원하다는 장점을 갖고 있지만, 옥수수를 사용해 원가 절감을 고려한 측면도 있다.

게다가 옥수수는 쌀이나 감자 등
다른 전분성 재료로 변환도 가능해서
일본이나 우리나라처럼 비교적
쌀이 풍부한 국가에서는 쌀을 사용하기도 했다.

Q. 보리가 얼마나 들어가야 맥주일까?

A. 한국의 주세법은 전분질 재료 중 보리맥아가
10퍼센트 이상만 되면 맥주로 분류한다.
반면 일본은 보리맥아가 50퍼센트 이상이어야
맥주로 분류하고 있어 좀 더 올몰트 맥주에 가깝다.
보리맥아가 10퍼센트 미만이면 기타 주류로 분류되어
흔히 탄산이 들어간 '발포주' 이름으로 판매되기도
하는데, 국내에는 필라이트와 필굿 같은 제품이 있다.
하지만 엄밀히 말해 맥주는 아니다.
물론 맥아 100퍼센트 올몰트 필스너의 유산을
그대로 지키고 있는 대형 맥주 회사들의
프리미엄 페일 라거들도 있다.
이들이 필스너의 직계 후손인 셈이다.

우리는 맥주가 아니고 발포주지만,
나름 팬이 많다고!

327

현대에 들어와 미국 거대 자본의 힘을 얻은
페일 라거들은 '인터내셔널 라거' 혹은
'라이트 라거'라는 이름으로 전 세계에 퍼져 나갔다.
비로소 우리가 흔히 알고 있는 가볍고 드라이한
맥주 이미지가 만들어진 것이다.

필스너는 체코에서 탄생했지만, 바로 이웃인 독일계
필스너도 유명하다. 둘의 가장 큰 차이는 홉이다. 체코
필스너가 주로 체코계 홉인 사츠(Saaz) 홉을 사용하는 반면,
독일에서는 할러타우(Hallertau), 허스브루커(Hersbruker),
테트난거(Tettnanger) 등 독일계 홉을 사용한다.

명칭 **노블 홉(Nobel Hop)**

설명 할러타우, 허스브루커, 테트난거 등의 독일계 홉과
체코계인 사츠 홉을 귀족의 홉이라고 추켜 세워주는
용어다. 영국과 미국이 아닌 유럽 대륙에서 태어났다는
의미로 대륙 홉(Continental Hop)이라고도 부른다.
영미계 홉의 시트러스나 과일 같은 느낌보다 산뜻한
쌉싸름함과 고급스러운 허브 느낌을 안기는 특징이 있다.
필스너 외에도 다른 독일계 맥주에 흔하게 쓰인다.

329

독일을 포함한 체코에서 필스너를 마실 때 주의해야 할
점이 하나 있는데, 발효되기 이전 당의 양을 의미하는
플라토(plato)로 도수를 표기한다는 것이다.

대체 왜 이렇게 어려운 개념을 쓰게 됐을까?
원인은 정부에 있었다. 얼마나 높은 도수의 술을
만드느냐가 아니라 얼마나 많은
곡물을 썼느냐에 따라 세금을 매겼기 때문이다.

필스너와 페일 라거는 그렇게 세상을 지배해갔고,
일본 맥주의 영향을 받은
우리나라에도 영향을 미치게 된다.

※ 교과서에도 나오는 이 사진 속
맥주는 바스(Bass) 페일 에일이다.
신미양요(1871) 당시만 해도
미군들이 페일 라거가 아니라
에일을 마셨음을 보여준다.
페일 라거는 그만큼 현대적인 맥주다.

사실 우리나라의 주류 맥주가 너무 밍밍하다는
비난은 조금 억울한 부분이 있다.
사실 우리나라 맥주 제조 기술은 '제조업의 국가'답게
세계 어디에 내놓아도 꿀리지 않는다.
다만 잘 팔리는 맥주에 많이 집중한다고나 할까?

지금은 크래프트
맥주 회사들이
자리를 잡아
소비자에게 다양한
맥주를 소개하며
장르 편중 문제를
보완하고 있지만,

필스너와 페일 라거는 여전히
전 세계 맥주의 왕좌를 지키는 훌륭한 맥주다.

자, 이제 올몰트 페일 라거,
필스너를 마시러 가보자!

18화

★

독일 맥주 (1)

독일의 라거

독일 맥주는 맥주순수령에 갇혀 단조롭다고
생각할 수 있지만, 오히려 한정된 재료를 가지고 다양한
요리법만으로 깊고 다양한 맛을 내는 특징을 가졌다.

전문가들은 보통 지역별로 독일 라거를 분류하지만,
여기서는 그냥 기억하기 쉬운 방식으로 분류해보자.

구분	라거	에일
밝은색/ 구리색	필스너, 헬레스, 옥토버페스트, 라우흐비어, 엑스포트, 라들러	쾰쉬, 알트
어두운색	슈바르츠비어, 둔켈	둔켈바이젠
신 맥주		베를리너바이세, 고제
밀맥주		바이젠
복맥주 (센 맥주)	둔클레스 복, 도펠 복, 아이스 복	바이젠 복

1. 독일 필스너(German Pils.)

필스너는 현대 맥주의 지배적 장르다.
벨기에 필스너나 이탈리안 필스너 등 각국에서
다양하게 재해석되는 맥주지만, 독일 필스너는 체코
필스너와 어깨를 나란히 하며 필스너를 대표한다.

독일 필스너는
체코 필스너보다 가볍고
산뜻해 좀 더 음용성이
강조된 모습을 보여준다.
필스너(Pilsener) 혹은
필스(Pils.)라는 축약형을
쓰기도 한다.

2. 헬레스(Helles)

헬(Hell)이라고도 불린다. 헬레스 라거는 19세기 후반 필스너의 영향을 받았다. 독일 뮌헨 지역에서 필스너에 대항해 만들어진 다소 어두운 금빛의 맥주다.

*필봉파: 필스너를 봉하는 기술.

헬레스와 필스너의 가장 큰 차이는 몰트다.
'필스너 몰트'라고 불리는 밝은 빛의 기본 맥아
100퍼센트로 만들어지는 필스너 맥주와 달리
헬레스에는 구릿빛으로 로스팅된 비엔나 몰트가 첨가된다.
덕분에 고소한 빵이나 비스킷 같은 느낌을 풍긴다.

명칭	헬레스(Helles)
도수	4.8도
설명	한동안 우리나라 크래프트 맥주계에서는 IPA처럼 시트러스하고 풍미 강한 미국식 에일류가 주류를 이뤘다. 하지만 최근에는 클래식하고 담백한 정통 독일식 라거류나 영국 에일을 취급하는 양조장이 늘고 있다. 부산 송정의 툼브로이는 그런 양조장의 대표적인 예로 마치 독일 뮌헨의 어느 양조장에서 갓 만들어진 것 같은 헬레스를 즐길 수 있다.

3. 메르첸 또는 옥토버페스트 비어

메르첸(Märzen)은 독일어로 3월,
옥토버페스트(Oktoberfest)는 10월의 축제를 뜻한다.

냉장 설비가 없던 시절에는 너무 덥지도 춥지도 않은
3월과 10월 정도에 맥주를 만드는 것이
아무래도 유리했다. 실상 두 맥주는
같은 장르의 맥주로 일종의 시즈널 맥주였다.

왕의 결혼식을 축하하기 위해 시작한 옥토버페스트는
추수철인 10월의 풍요로움을 함께 나누는 행사이자,
10월 이후 새 맥주를 만들기 전에 3월에 만들어 둔
메르첸 맥주를 모두 소진하는 것이 목적인 축제였다.

옥토버페스트는 현재 세계적인 맥주 축제가 되었다.

명칭	**파울라너 옥토버페스트(Paulaner Oktoberfest bier)**
특징	**충분한 탄산감과 부드러운 거품, 좋은 목 넘김**
도수	**6도**
설명	독일 뮌헨의 유명 양조장 파울라너에서 만든 가을 한정 맥주지만, 비교적 항상 구할 수 있는 편이다. 필스너의 황금색과 달리 구리빛, 호박색을 띠고 구수한 볏짚이나 빵의 향을 느낄 수 있는 곡물 지향적 맥주다.

나 때문에 사람들이
가을을 기다린다고나 할까?

메르첸은 정말 특이한 맥주와 접점이 있는데,
바로 훈연 맥주인 라우흐비어(Rauchbier)다.
훈연 맥주(Smoked beer)는 말 그대로
훈제오리처럼 훈연한 몰트를 사용한 맥주인데...

마셔 보면 놀랄 만큼 강한 훈제오리 냄새가 난다.

명칭   **슈랭케를라 메르첸(Schlenkerla Rauchbier Märzen)**

도수   **5.1도**

설명   라우흐비어의 상징과 같은 맥주는
밤베르크의 슈랭케를라 메르첸이다.
고동색에 강한 훈제오리즙 같은 향을 지녔는데
의외로 음용성이 좋다.

4. 다크라거: 둔켈과 슈바르츠비어

흔히 흑맥주 하면 영국이나 아일랜드의 에일 맥주
스타우트를 떠올리지만, 어두운 맥아를 쓴 다크라거,
그중에서도 둔켈(Dunkel)은
세계적으로 널리 알려진 맥주 장르다.

슈바르츠비어(Schwarzbier)는 둔켈보다 가벼운 느낌을
주는 맥주인데, 어두운 맥아가 적게 사용되어 필스너와 같은
쌉싸름함 속에 미약한 초콜릿이나 캐러멜 풍미를 풍긴다.

명칭   **쾨스트리처(Köstrizer)**

설명   슈바르츠비어의 전형이자
독일 동부 튀링겐의 대표적인
다크라거. 살짝 떫지만 드라이함
속에 캐러멜과 초콜릿,
커피 향이 은은하게 감돈다.
둔켈보다 어두운 맥아의
묵직함이 덜하다.
국내에서 접하기 어려우니
유럽에서 이 맥주를 만난다면
꼭 마셔보자. 도수는 4.8도.

아잉~

명칭   아잉거 알트베어리쉬 둔켈
     (Ayinger Altbairisch Dunkel)

설명   완전 검은색은 아니고
고동색에 가까운 외관이다.
비엔나 몰트나 뮤닉 몰트 등
어두운 맥아에서 비롯되는
커피 향의 풍미가 있고,
입이 닿는 느낌이 라거치고는
묵직하다. 도수는 5도.

347

5. 엑스포트(Export)

IPA나 임페리얼 스타우트처럼 수출할 때
맥주 보관을 용이하게 하려고 도수를 높였다가
새로운 장르가 되는 일은 꽤 흔하다.

엑스포트는 특히 도르트문트 광부들의 갈증을 해소하고
단잠을 이루기에 적합한 맥주로 사랑을 받으며
도르트문트를 상징하는 맥주로 자리 잡았다.

명칭	디에이비 엑스포트(DAB EXPORT)

도수	5도

설명	독일 엑스포트 스타일의 대표적인 맥주다. 몰티함과 호피함 모두 일반적인 독일 필스너보다 조금 더 강하지만, 마시기 쉽고 깔끔한 맛을 안긴다.

Yo! DAB!

6. 라들러(Radler)

타는 사람, 즉 라이더를 뜻한다. 자전거를 타다 잠시 내려
갈증을 해결하는 맥주. 레모네이드와 섞은
매우 약한 필스너 또는 헬레스 기반의 가벼운 라거다.
도수는 2~3도로 미약하다.

7. 복(Bock), 아이스복(Eisbock)

뭐니뭐니해도 독일 맥주 중 센 맥주의 최고봉은 바로
복 맥주다. 염소가 상징이라 '염소맥주'로 불리기도 한다.

복 맥주는 전통적인 독일의 맥주들을
2~5도 정도 높인 스트롱 비어를 의미하지만,
에일 맥주인 바이젠 복 정도를 제외하면
역시 독일답게 대부분 라거 맥주다.

더 강한 맥주를
원합니다!

강한 걸
원하시는군요.

Bock

Book

빠각

헬레스 도수를 높인
헬레스 복!

둔켈의 도수를 높인
둔클레스 복!

복은 독일의 수도사들이 금식기인
사순절에 마셨다고 한다. 도수 7~8도를 넘나드는
도펠 복(Doppel Bock) 라거가 대표적이다.

아니, 당신은
에일인 벨지언 수도원 맥주?

그렇소,
도펠 복 형제여~

비어노트는?

그건 못 주오.

하지만 복 맥주는 어느 순간 선을 넘어버리는데,
도수가 10~14도를 넘나드는 아이스 복이 등장한 것이다.

아이스 복은 에탄올의 어는 점이 훨씬 낮다는 점을
이용한 맥주로, 흡사 맥주를 증류한 것 같은 효과를 낸다.

※ 맥아의 단맛은 드러나지만,
홉의 풍미는 대부분 잃는다.

명칭 **세상에서 가장 도수 높은 맥주, 스네이크 베놈**

설명 가장 센 맥주의 도수는 얼마나 될까?
아무리 많은 몰트를 사용한 맥주라도 12~14도를
넘기기는 쉽지 않다. 도수가 일정 정도에 이르면
효모 스스로 알코올에 의해 살균되기 때문이다.
하지만 67.5도에 이르는 맥주가 있으니 바로
스네이크 베놈(Snake Venom)이라는 맥주다.
자연스러운 발효 과정만으로 만들어진 맥주는
아니고, 아이스 복과 같은 빙결 방식을 반복해 주정을
강화하는(도수를 높이는) 것이 비법으로 알려져 있다.
대중적인 맥주라기보다 하나의 마케팅에 가깝다.

상남자,
덤벼라!

독일 라거를 알아봤으니
이제 독일의 에일을 만나 보자!

19화

독일 맥주 (2)

독일의 에일

독일은 라거만 잘 만드는 나라가 아니다.

독일의 에일을 한번 알아보자.

1. 바이젠(Weizen)

'바이에른의 밀맥주'를 뜻하는 바이젠은
바이스비어(Weissbier) 또는 헤페바이젠(Hefeweizen)으로
불리기도 하는데, 여기서 헤페는 '효모'라는 뜻이다.
그만큼 효모의 성격이 지배적인 맥주다.

바이젠의 특징은 우선 바나나나 정향,
바닐라 같은 바이젠 효모의 독특한 효모취다.

효모취를 최대한 즐기기 위해 병 마지막에 남은
효모를 꼭 섞어 마시라는 독특한 조언을 듣는
맥주이기도 하다.

또 다른 특징은 뿌연 외관과 밀맥주 특유의
부드러운 거품이다.
맥주가 뿌연 주요 원인은 단백질 때문이다.
밀은 그 어떤 곡물보다 단백질이 많은 곡물이다.

*계면활성제: 물이나 기체, 기름 등 서로 붙지 않는 성분들이 잘 붙도록 다리 역할을 한다. 이 과정에서 강한 거품 유지력이 생긴다.

계면활성제가 없는 탄산음료의 거품은
유지되지 않고 사라져버린다.

맥주의 기본 재료인 보리나 가끔 쓰이는 호밀에도
단백질이 제법 있어서 어느 맥주나 기본적인
거품 유지력은 갖추고 있지만, 밀의 단백질 함유량은
보리의 1.5~3배 이상이다.

TIP **맥주 거품 예쁘게 만드는 법**

가끔 맥주를
이상하게 따르는
사람을 만난다.

극혐이야. 맥주보다
거품이 더 많아이유!

억지로 마신다.
날아가는 거품을
억지로 당겨와.

맥주를 좀 더 멋지게 따르는 방법을 알아볼까?

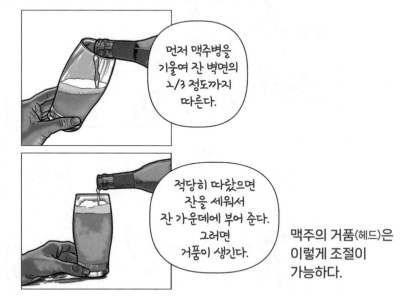

먼저 맥주병을
기울여 잔 벽면의
2/3 정도까지
따른다.

적당히 따랐으면
잔을 세워서
잔 가운데에 부어 준다.
그러면
거품이 생긴다.

맥주의 거품(헤드)은
이렇게 조절이
가능하다.

거품은 산소 접촉을 막아 줘 마시는 동안에도
맥주의 맛과 신선함을 유지하는 데 도움을 준다.

인위적으로 거품을 많이 만든 맥주

적정 거품으로 잡아준 맥주

자, 상사에게 사용해보자!

단, 맥주 싸대기 조심!

바이젠은 소비자 못지 않게 생산자에게도
사랑받는 맥주 장르다.
엄청난 식성 덕에 발효가 빠른 바이젠 효모는
양조장 입장에서 그만큼 생산비가 적게 든다.

세계 5대 어린이

불혹 레스너군(16세)

마니큰 타이슨 군(16세)

최강호동 군(16세)

드센 존슨 군(16세)

그리고,

난 길어도
1주일이면
충분해. ㅋ

바이젠 효모 군(1주일)

명칭	바이엔슈테판 헤페바이스 (Weihenstephaner Hefe-Weissbier)

도수	5.4도

설명	1040년부터 양조를 시작해 흔히 '천년 양조장'으로 불리는 바이엔슈테판은 세계에서 가장 오래된 양조장이다. 슈나이더 바이젠과 함께 최고급 바이젠의 자리를 지키고 있다. 바나나 향과 은은한 단맛, 노블 홉에서 풍기는 꽃과 허브 향, 밀맥주 특유의 부드러운 바디감과 거품의 질감은 명불허전이다. 바이엔슈테판은 대형 마트에서도 구할 수 있으니 한 번쯤 사서 마셔 보자.

그런데 이쯤에서 궁금한 점이 생길지 모른다.

맥주순수령이 있는데 어떻게 밀은 허용이 됐을까?
더군다나 순수령이 시작된 바이에른에서?

그렇다!
'고위층'이 사랑하는 맥주여서
가능했던 것이다!

고위층은 순수령에도 불구하고 밀맥주를 마셨다.
심지어 밀맥주를 만들기 위해 공식 허가를 받기도
했는데, 얼마 안 있어 모두에게 허용되기에 이른 것이다.
지금의 맥주 애호가에게는 다행스러운 일이다.

헤페바이젠과 비슷하면서도 조금 다른 바이젠도 있다.

대표적인 것들을 알아보자.

둔켈 바이젠(Dunkel Weizen)

어두운 갈색의 다크한 바이젠.
일반적인 바이젠보다
견과류나 구운 빵 같은
느낌이 강하다.
상업적 예로 바이엔슈테판
둔켈, 프란치스카너가 있다.

바이젠 복(Weizen Bock)

복(Bock)은 센 맥주를
의미한다. 도펠 복과
둔켈 바이젠의 영향을 받은
맥주로 도수가 7도나 된다.
상업적 예로 바이엔슈테판
비투스가 있다.

라우흐 바이젠(Rauch Weizen)

훈제 맥아가 들어간 적갈색의
맥주로, 훈제 베이컨이나
오리, 구운 빵과 바나나,
정향을 느낄 수 있다. 상업적
예로 슈렝케를라가 있다.

크리스탈 바이젠(Kristall Weizen)

필터링을 거친
헤페바이젠이다.
맑고 깔끔하지만 풍미는
좀 덜하다. '이럴 거면 왜?'라는
생각이 들긴 하지만...
막걸리 가라 앉히고
윗부분만 마시는
친구들을 생각해보자.

로겐비어(Roggenbier)

호밀을 위주로 한 바이젠 효모가 들어간 맥주.
주로 호박색을 띤다. 약한 바나나 정향과 함께
호밀빵 같은 풋풋하면서도 알싸한 느낌을 풍긴다.
독일에서도 별종 취급을 받는 지역 맥주이지만,
우리나라에도 들어와 있다. 부산에 정착한 독일인이 만든
툼브로이 양조장에서 생산한다. 다만 이 맥주는
바이젠의 효모취보다 호밀의 알싸함을 더 강하게
드러내고 있는데, 효모에 변화를 준 것일 수도 있다.

2.쾰쉬(Kölsch)

쾰쉬는 독일의 대도시 '쾰른의 맥주'라는 뜻으로,
언뜻 보기엔 황금빛의 맑은 필스너 같은
라거 외관이지만, 전통적인 에일 맥주다.
'에일 맥주는 무겁다'는 고정관념을 과감히 깬다.

깔끔한 맥아적 성격에
에일스러운 꽃과 허브 향,
생각보다 쓰고 깔끔한
뒷맛을 남기지.

너, 나를 좀
참고했구나? ㅋ

…

필스너

쾰쉬에 관해 재미있는 사실은 집에서
취미로 양조를 하는 홈브루어가 가장 까다로워하는
맥주의 한 종류라는 것이다.

맑은 외관을 위해
2~3개월의
냉장 숙성(라거링) 중
젤라틴을 활용해
최대한 침전시켜야
하는 데다

쉽게 산화되어
늙어버리는
쾰쉬의 특성상
전문가가 아니라면
좋은 맥주를 건지기
어렵기 때문이야.

으악

또!또!또!
만날 술 마실
생각만 하지!

등짝
스매싱!

2. 알트비어(Altbier)

쾰른에 쾰쉬가 있다면, 독일 뒤셀도르프에는
알트비어가 있다. 알트는 영어 'old'에 해당하는 단어로,
독일 라거 시대 이전의 맥주를 뜻한다.

쾰쉬와 지역의 자웅을 겨루는 맥주지만,
필스너나 바이젠만큼 보편적인 맥주는 아니다.

독일의 에일도 잊지 말라고!

20화

★

칼스버그와
과학

혹시 이런 상상을 해본 적이 있는가?

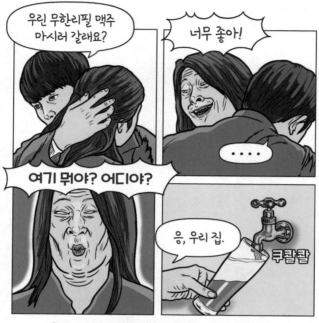

우리 집 주방에서 맥주가 콸콸콸!

실제로 그런 집을
가진 사람이 있었는데,
바로 양자역학의 상징
'닐스 보어'였다.

원자모델 발표 50주년 기념 우표

닐스 보어는 양자역학 성립에 기여한 공로로
1922년 노벨 물리학상을 받은 대물리학자이자
코펜하겐 학파의 대표적인 인물이다.

그는 동양 철학인 주역의 '태극'이
자신의 원자 모형을 잘 표현한다는 이유로
자신을 상징하는 문양으로 삼기도 했다.

칼스버그 재단은 보어가 영국으로 유학을 떠날 때부터
지원을 아끼지 않았다.

보어가 노벨 물리학상을 수상하자 재단은 양조장 옆의
부속 건물을 그에게 증여하고, 신선한 맥주를
언제든 마실 수 있게 발효조와 바로 연결시켜 주었다.

칼스버그 재단의 지원을 받은 것은 보어뿐만이 아니다.
아인슈타인 등 20세기 초 수십 명의 과학 천재들이
칼스버그 연구소를 찾아 연구를 수행했다.

칼스버그 덕에 코펜하겐의 신진 과학자들을 중심으로 한
'코펜하겐 해석'을 남길 수 있었다.

그뿐만이 아니다.
pH 지수(수소이온 농도 측정 지수) 역시 칼스버그 연구소의
쇠렌센이라는 화학자에 의해 정립된 개념이다.

※ pH는 산성과 알칼리성의 정도를
0~14까지의 지수로 표시한 혁명적인 발견이었다.

자, 이제 세상에서 가장 '과학적인 맥주'
칼스버그에 대해 알아보자.

칼스버그 만다라트 계획표

지식 전파	문화 부흥	예술 장려
지식 전파	최고의 맥주 기업	도덕적 기업 오타니보다 쓰레기 많이 줍기
과학 지원	사회 기여	돈 많이 벌기

우리도 맛있는 맥주 좀 마시자!

누가, 덴마크를 대표할 것인가
왕립맥주가 될 기적의 주인공을 기다립니다
슈퍼스타

때는 바야흐로 1840년대. 덴마크의 왕 프레데리크 7세는 이런 지시를 내리는데..

야콥 크리스티안 야콥센(Jacob Christian Jacobsen)은
아들의 이름 '칼(Carl)'과 공장 주변의 언덕을 의미하는
덴마크어 'Berg'를 붙여 칼스버그 양조장을 만들었고,
실제로 왕실 지정 맥주가 되는 데 성공한다.

칼스버그 부설 연구소 소속 한센 박사는
1883년 파스퇴르의 이론에 바탕을 둔 기술로
순수한 효모를 배양하는 데 성공했고,

한센 박사는 당시로서는 최첨단 기술인
파스퇴르의 저온살균법까지 도입했는데,
심지어 이 기술을 다른 양조장에
무료로 배포한다.

양조장에도 효모에도 아들 칼의 이름을 붙인 아버지
야콥센! 이 얼마나 아름다운 부정인가!

그러나 아들 칼이 성인이 된 후,
둘의 사이는 원수처럼 됐다. 무슨 사연일까?

사실 덴마크 최고의 기업가이자 양조 기술자인
아버지 야콥센은 일뿐만 아니라 개인사에 있어서도
결벽에 가까운 완벽주의자였다. 과학에 투자한
이유 역시 완벽한 맥주를 만들고 싶은 욕망 때문이었다.

맥주 만드는 데
몰트 몇 알 들어가나?

그.. 그게...

몇 개고? 몰트 말이다!
폰 알아 묵나!

아들의 상대가 눈에 차지 않아 결혼을 반대하거나
예술품 선호조차 간섭했다.

결정적인 차이는 사업관이었다.
아버지 야콥센은 이미 당대 최고의 라거를 만드는
양조가였기 때문에 아들이
영국식 포터와 에일류를 만들기 바랐다.
하지만 아들은 자신만의 길을 가고자 했다.

그러나 아들의 의도는 적중했고,
아들 야콥센의 맥주(같은 공장에서 생산)가
아버지 야콥센의 판매량을 넘어서기 시작하자
둘의 사이는 본격적으로 나빠졌다.

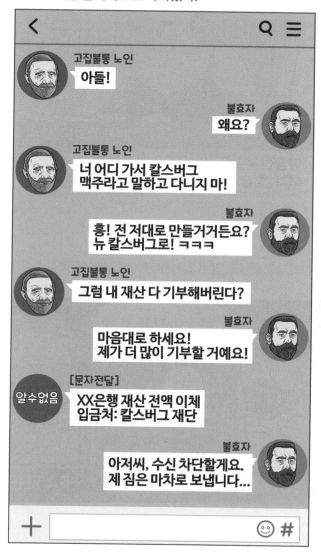

두 사람의 경쟁은 묘한 방향으로 흘렀는데...

아버지와 아들의 양보 없는 한판 승부가 펼쳐진다.

심지어 아버지는 아들에게 '칼스버그'라는 이름을
쓰지 말라며 소송까지 불사했지만,
아들은 '뉴 칼스버그'라는 이름으로 판매를 계속했다.

하지만 사람은 누구나 늙고 병드는 법.
아버지 야콥센의 건강이 급격히 악화되자
급히 달려온 아들이 임종을 지키며
결국 부자는 화해를 하게 된다.

이후 아버지의 올드 칼스버그와 아들의 뉴 칼스버그는
하나로 합쳐지고, 아들 역시 자신의 전 재산과 지분을
칼스버그 재단에 기부하며 아버지와의 긴 경쟁을 마친다.

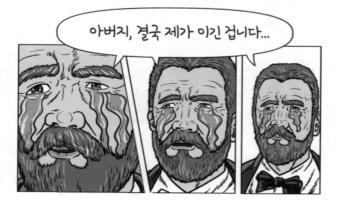

현재까지도 칼스버그 재단은 칼스버그 맥주의 대주주로,
칼스버그의 수입은 재단을 통해 일정 부분 과학 발전과
환경 보호, 예술과 문화 발전 등에 쓰이고 있다.

명칭	칼스버그(Carlsberg)
도수	5도

설명   페일 라거라 색다르게 느껴지지 않을지 모르지만,
분명 세계 최고의 맥주 중 하나다.
쌉싸름한 맛 끝에 개운한 깔끔함이 강조되는 맥주로,
효모를 기준으로 한다면 최초의 순수한
페일 라거라고 해도 무방하다.

아부지!

아들아~

자, 이제 칼스버그 맥주 마시고
과학 발전에 이바지해 보자!

21화

★

스타우트의 왕,
기네스

조밀한 거품에 쌉쌀쌉쌀하고 달콤한 까만 맥주.

기네스 맥주를 모르는 이는 아마 없을 것이다.

기네스는 아서 기네스(Arthur Guinness)로부터 시작된다.
아서는 20대 내내 영국 대주교의 비서로 일하며
양조는 물론 수학이나 사무를 익혔는데,

1752년 그가 모시던 대주교가 당시
노동자의 4년치 임금 정도인 100파운드 정도를
유산으로 남기고 세상을 떠난다.

기네스는 아일랜드 레익슬립이라는 곳으로 건너가
그 돈으로 작은 양조장을 차린 뒤,
양조 기업가로서 서서히 기반을 다진다.

몇 년 후 그는 다시 아일랜드의 수도 더블린으로
건너가 리피 강가의 한 구식 양조장,
바로 지금의 기네스 양조장 자리를 인수한다.

역시 사람은
서울로 가야제.

당시 계약 조건이 재미있는데, 9천 년 동안 매년 임대료
45파운드에 양조장과 부지를 임대한 것이다.

왜 계약을 그렇게 하신 거예요?

뭐여, 이게?
내가 했다고?

몰러, 시부럴.
기억 안 나!
저리 가!

※ 현재는 기네스가 매수해 계약은 해지됐다.

후에 기네스는 리피강에서 공장까지 수로를 설치하고
많은 물을 끌어다 써 정부와 분쟁까지 겪게 되는데,
사업 초기의 고정비를 줄이면서 마음껏 강물을
쓸 수 있는 위치까지 고려한 묘안이었는지도 모른다.

아서 기네스가 처음 만들던 맥주는 지금처럼
검은 스타우트가 아니라 당시 영국의
주류 장르이기도 했던 브라운 에일에 가까웠다고 한다.

니 추측은 이미 글러 있다.
난 밝지도 까맣지도 않은 어두운 구리색을 만들었지.

어, 진짜
안 까맣네?

하지만 영국 서민층이 마시던 포터(Porter)가 점점
유행하며 스타우트로 고급화되는 현상을 포착한
기네스는 검은 몰트 대신 검은 '구운 보리'를 사용한다.

이로 인해 어두운 색은 물론 기네스 특유의 깔끔하면서도
깊은 커피 향미까지 담아 인기를 끌게 된다.

**현재 기네스가 속한 맥주 장르인
아이리시 드라이 스타우트(Irish Dry Stout)의
탄생이었다.**

기네스의 인기는 실로 엄청났는데
기네스의 타고난 마케팅 역시 여기에 한몫을 했다.
기네스는 초기 고객인 아일랜드인을 위해,
아일랜드를 대표하는 맥주가 되기 위해 부단히 노력했다.

그러한 노력의 예로,
라벨에 박힌 멋진 하프를 들 수 있다.

하프는 아일랜드인의 희망과 애환,
위로를 상징하는 민족적 악기다.

영국의 수탈, 감자 대기근으로 세계 여러 곳,
특히 미국으로 이민을 간 아일랜드인들이
이 로고를 보며 많은 위로를 받았다.

기네스는 이렇게 아일랜드와 영국을 넘어
전 세계로 퍼져 나간다.

후에 미국의 금주법과 세계대전 등으로 인해
다른 회사들처럼 부침을 겪은 기네스지만,

기네스 광고는 광고학에서도 좋은 사례로 쓰일 만큼
일러스트와 카피 문구가 유명했다.

이러한 마케팅은 '건강한 술'이라는 이미지와 함께
매출 신장에 크게 기여했으나
시절에 따라 가치관이 달라짐을 잊지 말자.

그리고 그 유명한 기네스북이 있다.

기네스북은 1954년 기네스의 생산총괄 임원이었던 휴 비버가 유럽의 사냥감 새들 중 가장 빠른 새가 무엇인가로 논쟁을 벌이다 만든 것이다.

기네스북은 세계적인 대히트를 치며 기네스의 유명세를
견인하지만, 여기서 재미있는 점은 기록자가
직접 비용을 지불하고 인증을 받는다는 것이다.

재주와 비용 모두 기록자의 몫이고, 회사가 이득만
챙기는 현란한 마케팅이 된 셈이다.
하지만 아무리 광고와 마케팅이 좋아도
맥주 그 자체가 좋지 못하면 결국 잠깐 뿐이다.

오~ 편의점에 별의별 맥주가 다 있네.
한번 마셔 볼까?

아...
기대했는데...

‥‥‥

기네스가 맥주의 맛과 품질에 쏟은 열정은
가장 과학적인 맥주 칼스버그에 비견된다.

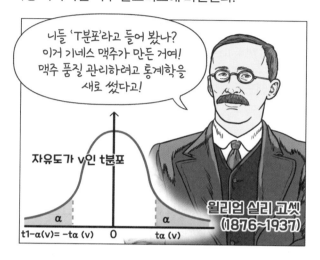

다른 유명 사례는 기네스 드래프트(Draught) 버전에
들어 있는 위젯*이다.

*위젯: 압축 질소가 들어있는 작은 플라스틱 공.
특유의 질소 거품을 연출할 수 있도록 고안됐다.

모든 맥주는 잔으로 마시는 것이 좋지만,
특히 기네스 캔맥주는 반드시 잔으로 마셔야 한다.
위젯 속의 압축질소가 끈적하고 크리미한 거품을
뿜어내기 때문에 캔 그대로 마시면
거품 따로, 맥주 따로 마시는 비극이 발생한다.

기네스 드래프트 캔맥주는 이렇게 마셔!

척

캔을 따서 5초 정도
가만히 둬.
위젯으로 거품 만드는
시간이 필요하거든.

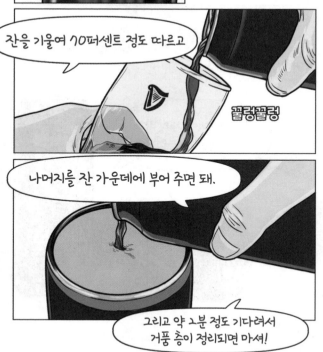

잔을 기울여 70퍼센트 정도 따르고

꿀렁꿀렁

나머지를 잔 가운데에 부어 주면 돼.

그리고 약 2분 정도 기다려서
거품 층이 정리되면 마셔!

캬, 이 맛이다!

드래프트 맥주가 워낙 유명해서 그럴지,
기네스 오리지널이나 엑스트라 스타우트 등의
다른 버전 제품들도 시중에서 쉽게 볼 수 있다.

나는 기네스 오리지널!
위젯이 발명되기 전의
캔용 제품이야.
거품은 부드럽지 않지만
강한 탄산감이 있어.
도수는 4.2도.

기네스 엑스트라 스타우트!
오리지널보다 조금 더
고풍미의 제품이야.
향미도 강하고
도수도 조금 센 5~6도!

재미있는 점은 임페리얼 스타우트나 IPA처럼
수출용의 센 버전 기네스가 있는데,
바로 포린 엑스트라 스타우트(Foreign Extra Stout)다.

대서양 건너에서 일하는
아일랜드 인부들을 위한 맥주였다고
하는데, IPA와 마찬가지로
좀 더 호피하면서 도수를 높였어.

※ 도수가 거의 7도 가까이 되어 사실상 임페리얼 스타우트에 준한다.

최고의 스타우트,
기네스를 마셔 보자!

22화

★

맥주가
우리에게
오기까지

한때 우리 음주 문화는 많이 마시고 금세 취하는 것이
중요했다. 밍밍하고 탄산이 센 라이트 라거류는
소주와 섞어 마시는 제품 정도로 취급받기도 했다.

그러다 2010년 즈음부터
맥주도 음미하는 '요리'로 대우받기 시작했는데,
그 중심에는 다양한 수제 맥주가 있었다.

사실 수제 맥주라는 표현 때문에
오해를 일으키기 쉽지만, 장르에 따라 재료나
발효·숙성 기간이 다소 다를 뿐
대형 맥주든 수제 맥주든 비슷한 기계를 사용한다.

그런 오해 때문에 요즘은 영문 그대로
크래프트 비어(Craft Beer, 장인 맥주)라고 부르는 게
보편화되고 있다.

이제 크래프트 비어가
우리에게 오기까지의 과정을 알아보자.
맥주가 우리에게 오기까지의 과정을
간단히 살펴보면 아래와 같다

곡주인 맥주의 시작은 당연히 농부와 곡물이다.

보리는 두 줄 형태의 2조 보리와 우리나라에서도
재배되는 여섯 줄 형태의 6조 보리가 있다.
서구에서 재배되는 2조 겉보리가 우리나라뿐만 아니라
세계적으로 양조용 보리로 쓰인다.

*겉보리: 탈곡 후에도 껍질이 남아 있는 상태.

그 외의 곡물은 각 나라에서 나는 것을 섞어 쓰는데,
우리나라는 물론 쌀이다. 품질도 좋지만
세제나 지원금 측면에서 유리하기 때문이다.

보리가 추수되면, 몰트 회사는 보리를 넘겨 받아
대략 일주일 정도의 시간을 들여 몰트로 만든다.

1. 담그기(Steep)

24~48시간 정도 보리를 따뜻한 물에 담가
정신차리게 만든다.

2. 발아(Germinating)

4~6일 정도 물을 빼고 촉촉한 상태로 산소를 공급해
발아를 유도한다.

3. 굽기(Kilning)

발아 과정을 계속하면 보리의 모든 전분이 식물 성장에
쓰이기 때문에 정작 효모가 먹을 것이 사라져 버린다.
그래서 건조시켜 효소와 전분을 유지한다.
여기에 몇 시간에서 이틀 정도가 소요된다.
로스팅 정도에 따라 몰트의 성격도 달라지므로
맥아 제조에서 가장 중요한 작업이라 할 수 있다.

당연하게도 몰트 회사가
직접 농장을 경영하는 경우도 많다.

우리나라는 국산 농산물 소비 장려를 위해 국산 보리를
사용하는 맥아 회사들과 지방 정부가 협업하기도 한다.

또 다른 맥주의 주재료 홉!

홉은 5미터 이상 자라는 덩굴식물이기 때문에 배수가
잘 되는 땅에 높은 장대를 세우고 줄을 달아 키우는데,

우리나라는 홉이 다 영그는 여름이 되면 줄을
통째로 잘라 덩굴을 바닥에 내리고 홉을 딴다.

홉은 보통 건조된 펠릿 형태로 유통되지만,
향수처럼 오일로도 유통된다. 대형 홉 농장은 신선할 때
바로 가공하기 위해 농장에 직접 설비를 갖추는 편이다.

뜻밖에 국내에도
홉 농장이 제법 있다.
대개 지적 재산권이
만료된 클래식한 홉,
그중에서도
우리나라 날씨에
강한 홉을 키운다.

이젠 홉도
K-Hop이다!

와서 홉 좀 따줘!

추수철인 여름이 되면 홉 따는 행사를 열어
맥주 애호가들과 교류하는 국내 홉 농장도 꽤 많다.
양조장은 이렇게 만든 맥아와 홉으로
드디어 맥주를 만들기 시작한다.

여기에서 브루어리(Brewery)와
브루펍(Brewpub)을 구분할 필요가 있다.
우선 브루어리는 순수하게 술을 만드는 곳이다.

양조 공장 공장장은
술공장장이다.

반면 브루펍은 양조장과 술집을 같이 하는 곳이다.

이때 브루펍 입장에서는 제조와 서비스 둘 다
신경 써야 하는데, 만약 고객용 자리를 설비에 쓴다면
제조 단가를 낮출 수도 있어 양조장과 술집을
동시에 하는 것이 꼭 좋은 것만은 아니다.

크래프트 비어 양조장 하면 개성 있고 멋진 브루어들이
양조만 하는 낭만 가득한 현장을 상상할 수 있겠지만,

실제 양조가가 하는 일의 많은 부분은
청소와 세척, 소독, 창고 정리와 맥주의 병입 포장,
기기 정비 등 주로 양조를 위한 준비와 뒷정리다.

패키징(포장)은 특히 힘든 일인데, 자동화된 패키징
기계가 워낙 비싸서 대부분의 양조장에서
반자동 형태나 수동식 기계를 사용하기 때문이다.
게다가 초급 양조사의 급료는 그다지 높지 않다.

그럼에도 불구하고 양조가라는 직업은 창의적이면서도
숙련된 장인을 꿈꿀 수 있는 분야임에 틀림없다.

※ 미국의 한 양조가는 자신의 턱수염에서 추출한
효모를 이용해 맥주를 출시하기도 했다.

맥주는 병이나 캔, 케그 형태로
양조장이 고객 술집에 직접 납품하기도 하지만,
대개는 '주류도매업자(업체)'가 유통한다.

주류도매업자는 국내외 맥주를 사서 창고에 보관하고
이를 술집에 유통하는 역할도 하므로
현장 기호에 민감하고, 결국 팔릴 만한
힙한 술을 구해다 파는
영업 사원의 역할까지 해낸다.

이런 술이 모이는 곳이 바로 펍(pub)이다.
이제는 우리 주변에서도 많이 볼 수 있다.

하지만 이상한 곳이 하나 있는데,
바로 보틀샵(bottleshop)이다.
술 마시기 좋은 분위기와 앉을 공간을 제공하는
펍과 달리, 보틀샵은 가져갈 술을 판매하는 곳이다.

요즘엔 간단히 술 마실 수 있는 공간을 운영하는
보틀샵도 제법 있는데, 아무래도 요리는 펍이,
술은 보틀샵이 더 다양하다.

사실 지방에 사는 작가 본인도 보틀샵을 자주 이용한다.

이 만화를 읽고 있는 그대,

취함보다 즐거움을 먼저 안겨주는 술

맥주를 좋아한다면...

당신은 이미 맥덕이다!

★ 에필로그 ★

웅덩이에 떨어진 곡물에서 자연 발생했을 첫 번째 맥주.

어쩌면 문명보다 먼저 탄생했을지도 모르는 맥주는
인류와 늘 함께였습니다.

먼 옛날 고대 이집트에서도 그랬고,

실제로는 액체빵 맥주가 건설 노동자에게
급료로 지급됐고, 지금도 이집트에서는 엄청난 규모의
고대 양조장이 발굴되고 있지요.

현대 전쟁에서도 맥주는 늘 곁에 있었습니다.

*제2차 세계대전 말미 영국 공군은 최전방의 군인들에게 영국 맥주를
공급하기 위해 당시 최첨단의 전투기 스핏파이어를 사용하기도 했죠.

맥주는 평범한 회사원인 작가와도 늘 함께였습니다.
회식 때는 소주와 함께.

그러다 뒤늦게 맥주에 정이 들어 아예 맥주를
찾아 다니며 마시게 됐지요.

그러던 어느 날, 그림이 취미인 동기와
우연히 추억용으로 맥주 만화를 몇 컷 올렸는데…

좋은 지식웹툰 플랫폼을 만나
이 만화가 탄생할 수 있었습니다.

부족한 작품을 봐주신 독자님들의 응원 덕분에
이 만화를 무사히 마칠 수 있었습니다.

Special Thanks to

속초 몽트비어 장동신 이사님·
이도현 양조사님,
문경 태평양조 양준석 대표님,
《방구석 맥주 여행》 염태진
작가님,《또 까면서 보는 해부학
만화》 압듈라 작가님, 그리고
《용BEER천가》의 모든 독자님.

★ 사진으로 보는 맥주의 현장 ★

1 맥주를 만드는 브루하우스
양조장에서 맥주를 만드는 곳을 브루하우스(Brewhouse)라고 한다.
당화조, 끓임조, 월풀, 핫워터 탱크 등이 배치되어 있다.
양조사에겐 주방 같은 곳이다.

2 당화와 라우터링
몰트의 당분을 온전히 뽑아내는 당화와 라우터링, 몰트층을
파괴하지 않으면서 표면적을 넓히기 위해 돌아가는 칼날이 보인다.

3 맥박(맥주박) 꺼내기
당화 후 남은 몰트 찌꺼기는 보통 농장에서 가져간다.

4 효모를 접종 중인 양조사
냉각한 맥주에 효모를 부어, 접종한다.

5 맥주 발효조
맥주를 담는 발효조는 보통 2~3천 리터 정도다.

6 발효 중 발생하는 탄산
발효조에서 발효 중인 맥주 속 효모가 뿜어내는 이산화탄소다.

7 숙성조로 이동하는 맥주
발효 후에 숙성조로 옮겨 더 맑고 안정된 맛의 맥주로 자리 잡게 한다.
옮기지 않고 발효조에서 그대로 숙성하는 경우도 있다.

8 검사 중인 맥주
발효 중 또는 발효 후에 맥주 상태를 검사해 최적의 데이터를 분석한다.
맥주 양조에서 가장 중요한 데이터는 발효 온도와 시간, 효모의 습성이다.

9 숙성조에서 바로 꺼내 마시는 맥주
양조장에서 바로 마시는 맥주의 신선함은 잊을 수 없는 경험이다.

10 저온 창고의 맥주들
맥주는 저온 창고 속 케그에서 숙성되며 납품을 기다린다.

양조사의 일 대부분은 정리, 세척, 소독 그리고 정비다.

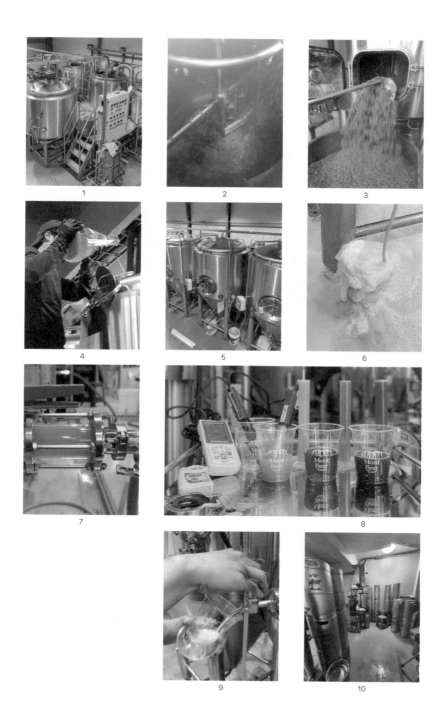

1

2

3

4

5

6

7

저자가 마당에서 직접 키운 홉.
손으로 비비면 홉 속의
황색 가루(루플린)를 통해
맥주 냄새를 느낄 수 있다.

1 **가정용 홈브루잉 장비**
저자가 소유한 장비와 재료들이다.

2 **당화**
당화한 맥즙을 끓임조에 옮기고 있다. 두 개의 냄비가 당화조와 끓임조 역할을 한다.
만들고 있는 맥주는 스타우트.

3 **끓임**
맥즙을 끓이고 있다.

4 **효모 접종**
효모를 접종한 스타우트용 맥즙이다.

5 **발효조에 담긴 맥주**
발효조에서 발효를 시작한다. 맥주 발효조는 불투명해야 한다.
홈브루잉의 기준 제조량은 통상 19~20리터 정도.

6 **미드(Mead)**
미드는 꿀로 만든 술이다. 같은 제조 장비를 사용하기 때문에
맥주 홈브루어들은 미드나 사과주 등을 만들어 보기도 한다.

7 **병입**
병에 담은 홈브루잉 맥주와 미드.
공병은 소독해 재활용할 수 있다.

보틀샵은 희귀하고 다양한 맥주를 공급한다. 와인과 맥주를 동시에 다루는
보틀샵도 있다. 사진은 보틀샵 '비어셀러'&'잉글룸'.

★ 참고문헌 ★

- 강태현,《람빅》, 담아, 2021.
- 고정삼,《양조공학》, 유한문화사, 2008.
- 김만제,《맥주 스타일 사전》, 영진닷컴, 2019.
- 김성욱,《초보 드링커를 위한 위스키 안내서》, 성안당, 2022.
- 김창석 외,《천연효모 발표빵의 이론과 실습》, 씨마스, 2017.
- 노봉수 외,《맥주개론》, 진한엠앤비, 2016.
- 농촌진흥청,《맥주보리》, 진한엠앤비, 2023.
- 레이 다니엘스,《맛 좋은 맥주 디자인하기》, 라이프사이언스, 2005.
- 롭 디샐 외,《맥주의 역사》, 한울, 2022.
- 류인수,《한국 전통주 교과서》, 교문사, 2018.
- 리스 에미,《맥주어 사전》, 웅진지식하우스, 2018.
- 마이클 라슨,《맥주 인포그래픽》, 영진닷컴, 2018.
- 멜리사 콜,《맥주 상식사전》, 길벗, 2017.
- 미카 리싸넨,《그때, 맥주가 있었다》, 니케북스, 2019.
- 비어포스트 편집부,《Craft Beer Korea》, 비어포스트, 2020.
- 양조 전문 교육기관 수수보리 아카데미, <상업양조 과정 교육자료>
- 염태진,《방구석 맥주 여행》, 디지털북스, 2020.
- 유안 퍼거슨,《Craft Brew》, 북커스, 2018.
- 이일안,《맛있는 맥주를 위한 생맥주 위생관리》, 에이치아이북, 2019.
- 이현수,《미국 서부 맥주 산책》, 더디퍼런스, 2020.
- 제프 올워스,《맥주 바이블》, 클, 2020.
- 조슈아 M. 번스타인,《맥주의 모든 것》, 푸른숲, 2015.
- 존 J. 파머 외,《HOW TO BREW》, 라의눈, 2019.
- BJCP style guideline

《용BEER천가》를 먼저 읽은 독자들의 메시지 ──────

한빛비즈 코리딩 클럽(Co-reading Club)은 출간 전 원고를 '함께 읽고'
출간 과정을 함께하는 활동입니다. 책을 먼저 읽고 편집과 디자인,
마케팅에 많은 아이디어를 주신 클럽 3호 멤버들에게 감사의 마음을 전하며,
그분들의 소감을 소개합니다.

맥주를 마시면서 읽는데, 어쩐 일인지 읽을수록 정신이 맑아지는 기적의 책!

- 나나샌드

맥주의 세포 하나까지 살펴볼 수 있는 맥주 교양서!

- 민드레

상식과 재미를 한 스푼씩 담아 앞으로 더 맛있게 맥주를 마실 수 있을 것 같아요.

- 공간공감

라거가 뭐고 에일이 뭔지 항상 궁금했는데 드디어 이해했네요. 유익해요!

- 조민주

쉬운 비유 덕분에 피부로 와 닿는 맥주의 문화사!

- 신우주

*그 외 함께해주신 분들: 라일라, 오세진, 밤비, 룽룽, 강예린